COLEÇÃO

BRASIL NATUREZA

GOVERNO DO ESTADO DE
SÃO PAULO
TRABALHANDO POR VOCÊ

Governador JOSÉ SERRA

imprensaoficial

IMPRENSA OFICIAL DO ESTADO DE SÃO PAULO

Diretor-presidente HUBERT ALQUÉRES

Diretor Vice-presidente PAULO MOREIRA LEITE
Diretor Industrial TEIJI TOMIOKA
Diretor Financeiro CLODOALDO PELISSIONI
Diretora de Gestão Corporativa LUCIA MARIA DAL MEDICO
Chefe de Gabinete VERA LÚCIA WEY

ECO ASSOCIAÇÃO

ECO ASSOCIAÇÃO PARA ESTUDOS DO AMBIENTE

Presidente GUILHERME WENDEL DE MAGALHÃES

Vice-Presidente RICARDO WENDEL DE MAGALHÃES
Diretoria JORGE BASTOS
MARCELO CAMARGO NONATO
CAIO BOUCINHAS

COLEÇÃO

BRASIL NATUREZA
FLORESTAS

CLAUDIA VIEITAS
MARIA ELICE B. PRESTES
PAUL J. DALE

ECO ASSOCIAÇÃO

imprensaoficial

São Paulo, 2008

Dados Internacionais de Catalogação na Publicação
Biblioteca da Imprensa Oficial do Estado de São Paulo

Vieitas, Claudia
Florestas / Claudia Vieitas, Maria Elice B. Prestes, Paul J. Dale. – São Paulo : ECO Associação para Estudos do Ambiente : Imprensa Oficial do Estado de São Paulo, 2008.
136 p. – (Coleção Brasil Natureza)

Bibliografia.
ISBN 978-85-7060-459-0 (Imprensa Oficial)

1. Floresta Amazônica – Brasil 2. Mata Atlântica – Brasil 3. Florestas - Conservação 4. Ecologia I. Prestes, Maria Elice B. II. Dale, Paul J. III. Titulo. IV. Série.

CDD 634.909 811

Índices para catálogo sistemático:
1. Florestas tropicais : Preservação : Brasil 634.909811
2. Florestas : Ecologia 577.5

Impresso no Brasil
Foi feito o depósito legal na Biblioteca Nacional
Lei nº 10.994, de 14/12/2004

ECO ASSOCIAÇÃO PARA ESTUDOS DO AMBIENTE
Rua Gomes Freire 143 Lapa 05075 010 São Paulo SP Brasil
Tel. 11 3637.6214 | www.ecoassociacao.org.br | ecoassociacao@uol.com.br

IMPRENSA OFICIAL DO ESTADO DE SÃO PAULO
Rua da Mooca, 1921 Mooca 03103 902 São Paulo SP Brasil
SAC Grande São Paulo 011 5013 5108 | 5109
SAC Demais Localidades 0800 0123 401
www.imprensaoficial.com.br livros@imprensaoficial.com.br

SUMÁRIO

"O descobrimento"

Abancado à escrivaninha em São Paulo,
na minha casa da Rua Lopes Chaves
de supetão senti um friúme por dentro.
Fiquei trêmulo, muito comovido,
com o livro palerma olhando pra mim.
Não vê que me lembrei que lá no norte, meu Deus!
muito longe de mim
na escuridão ativa da noite que caiu,
um homem pálido magro de cabelo escorrendo nos olhos
depois de fazer uma pele com a borracha do dia,
faz pouco se deitou, está dormindo.
Esse homem é brasileiro que nem eu...

Mário de Andrade

INTRODUÇÃO

Acima: harpia, nossa maior ave de rapina, observa uma presa potencial

À direita: ambiente cavernícola, helictites; maria-leque exibe seu penacho na mata; na floresta, as flores podem estar escondidas em largas estruturas, que chamam mais atenção que a própria flor

Página anterior: ninféias – plantas aquáticas comuns em águas calmas da Amazônia

As linhas que seguem permitirão conhecer e compreender um pouco as florestas tropicais brasileiras, cada uma em sua mágica diversidade e singular beleza. A atmosfera sombreada, quente e úmida destas matas, sua fauna e flora abundantes, repletas de espécies exclusivas, raras e ameaçadas, traz consigo uma longa história de ocupação e exploração. Carregam ainda a diversidade de origens étnicas e culturais do povo brasileiro, suas lendas, danças, festas, "causos", cantos, ritos e muitos detalhes de um folclore que pode ser chamado de mestiço.

A emoção de conhecer e vivenciar uma floresta tropical é especial, chega a penetrar na pele e na alma do viajante. Se hoje, com tanta informação sobre estas matas, é fácil surpreender-se numa visita, ainda que rápida, imagine as sensações dos primeiros exploradores europeus que aqui chegaram, as expectativas acerca do Novo Mundo que vinham criando em suas longas viagens marítimas e as reações diante do novo e do inusitado, diante dos imprevistos sempre presentes. Ao longo do século XIX, com a permissão da Coroa portuguesa para os estrangeiros percorrerem o país e com as expedições científicas largamente estruturadas, a pesquisa aflora e os relatos sobre a nossa fauna e flora, bem como sobre os povos nativos, adquirem densidade de conteúdo nunca antes alcançada. Muitas vezes, esses relatos são a única base para a compreensão de espécies e povos que não perduraram até os dias de hoje.

Nas florestas tropicais, a diversidade vegetal é tanta que, olhando em volta, dificilmente são encontrados dois indivíduos da mesma espécie. Evolutivamente, estes ambientes podem ser vistos como enormes bancos genéticos – quanto maior a variedade, maior o número de espécies e maior a quantidade de genes diferentes –, incluindo ainda várias espécies endêmicas, isto é, restritas aos ecossistemas. Partamos então para conhecer a diversidade da natureza da Floresta Amazônica e da Mata Atlântica, as duas matas tropicais brasileiras, suas semelhanças e diferenças.

Os rios são parte integrante da Floresta Amazônica, alagando as matas periodicamente

O colorido dos insetos
das matas tropicais
encanta observadores
atentos a cada passo

A FLORESTA AMAZÔNICA

O Deus-criador Makunáima vive no alto do monte Roraima, local sagrado para os índios Ingarikó e Tukuxi. Quando derrubou a árvore Wasaká, Makunáima acabou por fazer jorrar água de seu tronco.
O pedaço de madeira caído formou os tepuis e a água que despencou deles formou os rios e libertou os peixes.
Na interpretação de Mário de Andrade, o Deus virou herói: "No fundo do mato-virgem nasceu Macunaíma, herói de nossa gente. Era preto retinto e filho do medo da noite. Houve um momento em que o silêncio foi tão grande escutando o murmurejo do Uraricoera, que a índia tapanhumas pariu uma criança feia. Essa criança é que chamaram de Macunaíma."

A Floresta Amazônica é, reconhecidamente, um dos biomas mais intactos do planeta. É uma floresta viva, com fauna e flora ricas, árvores de enormes proporções e populações humanas que manejam seus recursos há séculos.

O clima tipicamente amazônico, equatorial, é sempre quente e úmido, mas conta com um período de chuvas mais fortes, o "inverno", e outro mais seco, o "verão". As chuvas caem torrenciais em horários definidos e enchem os rios, alagando as florestas, que chegam a passar seis meses submersas, normalmente entre dezembro e maio. Em altitudes elevadas, como as altas serras onde está o pico da Neblina – o maior do país, com 3.014 metros – os ventos sopram forte e a temperatura pode baixar bastante, chegando a ficar negativa.

Uma das regiões montanhosas mais antigas da Terra – talvez a mais velha – fica na Amazônia: o maciço das Guianas, em Roraima, com dois bilhões de anos. Aqui está o monte Roraima. Instalado em um complexo de planaltos de arenito esculpido pela água, apresenta altitudes superiores a 1.000 metros, relevos planos no alto e enormes cachoeiras. Estas formações levam o nome de tepuis, ou mesas. As áreas mais recentes são aquelas nas planícies sedimentares ao longo dos rios. Durante a época de seca, nestes ambientes, a areia branca aparece às margens dos cursos d'água, formando belas praias.

A paisagem da Floresta Amazônica apresenta-se sob vários aspectos: ora em florestas alagadas, ora em matas de terra firme, algumas vezes com predominância de palmeiras (as matas de cocais e os babaçuais), outras com terrenos arenosos exibindo-se à flor da terra (as campinas e as campinaranas), outras ainda com vegetação do Cerrado. Na costa aparecem também os manguezais, onde as águas do mar e dos rios ainda se misturam. Os solos da floresta são, na maior parte, pobres e arenosos. A riqueza que sustenta a mata está na camada de matéria orgânica acumulada sobre a terra.

As matas de terra firme são mais fechadas, escuras e úmidas, com grandes árvores que chegam a ultrapassar 40 metros de altura. Sua sustentação está nas enormes raízes, que se esparramam pelo solo em todas as direções. Podem ainda entremear-se com grandes rios, pequenos igarapés, praias de areia branca, florestas mais abertas e campos alagáveis. Aqui estão espécies com sapopemas (raízes-escora na base das árvores) gigantescas, contrapondo-se às enormes castanheiras, que chegam a 60 metros de altura. As formações mais abertas e baixas, como as campinas, ocorrem em áreas mais secas, onde o solo arenoso aflora na superfície. As campinaranas têm porte maior e são uma transição entre campinas e matas de terra firme. O cerrado, por sua vez, é bem mais aberto que a floresta e conta com árvores retorcidas, de cortiça grossa.

Para explicar a grande diversidade de espécies de alguns locais da floresta, pesquisadores elaboraram uma teoria chamada de "teoria dos refúgios". Segundo esta, durante o Pleistoceno (entre um milhão e vinte mil anos atrás), a Amazônia teria sofrido um período de seca, levando a floresta a se retrair. As formações vegetais mais secas, como o cerrado, teriam então se expandido, cobrindo grande parte da região. Alguns locais isolados, no entanto, chamados de refúgios ou ilhas, teriam preservado sua diversidade e propiciado o aparecimento de espécies novas. Com a volta do clima úmido e expansão das florestas novamente, as espécies teriam se irradiado para outras áreas a partir desses refúgios, auxiliando a aumentar a diversidade da região.

O paruaçu, também conhecido como macaco-voador, costuma saltar de uma árvore para outra freqüentemente em busca de frutos e sementes amazônicas

Amazonas, o rio-mar, como chamavam os portugueses, é o maior rio do mundo, tanto em volume de águas como em extensão. Desde sua nascente, na laguna McIntyre, no Peru, até sua foz, no oceano Atlântico, suas águas percorrem cerca de seis mil quilômetros. Os números do grande rio impressionam: somente na desembocadura são quase 300 quilômetros de largura. Segundo uma lenda local, o rio teria surgido após o casamento entre o sol e a lua ter sido impedido. Como poderiam os dois se unir? O sol queimaria o mundo e a lua choraria tanto que inundaria a Terra. A lua de fato chorou assim, pois não pôde ficar com seu amado, e suas lágrimas formaram o rio Amazonas.

Na Floresta Amazônica os rios são divididos por sua cor: há os brancos, os escuros e os verdes – ou claros. Cada um com características especiais que os diferenciam em aspecto, fauna e flora. A coloração das águas está diretamente relacionada à quantidade de matéria orgânica dissolvida. As águas brancas, que são na verdade marrons (barrentas), como as do rio Amazonas, levam em seu percurso uma grande quantidade de partículas que as tornam turvas. Os rios com estas características nascem em terrenos de idade geológica recente, sujeitos à erosão. Formam as florestas alagadas conhecidas como matas de várzea, onde os mosquitos de várias espécies são mais perturbadores e ocorrem em grandes quantidades.

As águas escuras, como as do rio Negro, são mais ácidas e carregam muita matéria orgânica decomposta e ferro. Sua baixa produtividade e alta acidez tornam-nas pouco produtivas e, portanto, pouco atrativas para a fauna – os mosquitos são mais raros e as águas pouco piscosas. Estes rios nascem em terrenos mais antigos, que não são facilmente decompostos e por isto não carregam tantas partículas. Formam florestas alagadas, conhecidas como matas de igapó.

As águas verdes trazem poucos sedimentos e têm grande transparência. Exemplos deste tipo de rio são o Tapajós e o Xingu. Nascem em terrenos antigos, mas pouco sujeitos à erosão, daí a transparência das águas.

As matas alagáveis ocupam as planícies de inundação ao longo dos rios e se dividem em igapós, aquelas cobertas por rios de água escura, e várzeas, as cobertas por rios de águas brancas. Em qualquer uma, as árvores passam metade do ano submersas, período em que a fauna aquática invade os domínios da floresta, aproveitando os recursos alimentares disponíveis e os inúmeros esconderijos que surgem por entre as raízes e os troncos. Sob as águas, formam-se hábitats os mais diversos, que mudam de aparência conforme o nível de inundação. Lagos, furos, igarapés e rios abrigam uma infinidade de seres vivos.

As palmeiras abundam em vários ambientes e oferecem seus frutos, suas fibras e seus óleos: açaí, patauá, piaçaba, buriti, tucumã, babaçu, paxiúba, caranã, inajá e outras mais. Nas florestas alaga-

Dos receios do padre português João Daniel de adentrar "pelo centro dos matos, pelos lagos e Pântanos" do Pará, "habitados só de feras, cobras e dragões", apenas conhecemos aquilo que esse padre, "mais franciscano que jesuíta", escreveu de memória, em sua prisão em Lisboa. Expulso do Brasil com sua ordem missionária em meados do século XVIII, passou os últimos nove anos de vida registrando o que vira em qualquer papel de "embrulho das quartas de tabaco, das folhas mancas dos Breviários que ia arrancando, do registro dos Santos e das Bulas feitas em tiras". Os manuscritos, publicados 200 anos depois, geraram os dois vastos volumes do Tesouro Descoberto no Máximo Rio Amazonas. Nutrido pela "fé no progresso tropical", o padre canta o encanto que "também enriquece e regala toda a Europa, como os seus mimosos cacaus, cravos, salsa, algodão". Sabemos que fez migrar consigo às terras brasileiras os mitos edênicos que contribuíam para a composição do Novo Mundo desde a Renascença. A paisagem uniforme de seres reais e fantásticos era apanhada pela janela da alma ainda liberta de João Daniel. Escrevendo, refez os percursos entre as aldeias e fazendas e reteve os traços e impressões, os nomes e usos, dos rios e do clima, das povoações e das gentes, dos bichos e das plantas.
Dos anseios do português João Daniel conhecemos hoje "muita riqueza deste tesouro descoberto no rio Amazonas".

das, espécies impressionantes, como a bela samaúma, com suas raízes-escora de metros e metros de largura, destacam-se na paisagem.

A grande e barulhenta onda produzida pelo encontro das águas do mar com alguns rios da Amazônia é conhecida como pororoca (palavra de origem tupi, *pororog*, que significa estrondar). Durante as grandes marés, nas luas cheia e nova, as correntes fluviais e marinhas se encontram e, quando a resistência do rio é quebrada pelo mar, formam-se ondas enormes, em extensão e força. A pororoca não é pouca coisa: destrói as margens dos rios, derruba árvores e leva o que estiver por perto. O fenômeno acontece em alguns rios do estado do Amapá e em algumas ilhas da desembocadura do Amazonas, como Marajó e Caviana. A primeira é a maior ilha fluvial-marinha do mundo. Localizada no delta do rio Amazonas, seus quase 50 mil quilômetros quadrados, ultrapassam, em área, países inteiros, como a Holanda. Sedimentar, a ilha foi formada por milhões de toneladas de detritos carregados pelos rios que ali se depositaram. O nome Marajó vem do tupi *mbara-yó*, ou barreira do mar. O que de um lado os rios constróem, de outro a pororoca destrói, ajudando a formar o ciclo geológico local.

Com relação à fauna, a diversidade pulsa forte e novas espécies são descobertas freqüentemente. São peixes, aves, insetos, mamíferos – principalmente roedores, morcegos e primatas –, répteis, anfíbios e muitos outros, com uma grande porcentagem de espécies endêmicas. São inúmeras as que chamam a atenção, seja pelo tamanho, pela raridade, pelo colorido ou pela quantidade. Pirarucu é o maior peixe de água doce do mundo; peixe-boi, o gigante aquático que só ocorre nesta região; galo-da-serra, a bela ave cor-de-laranja restrita a alguns pontos da floresta; insetos, insetos e mais insetos, de todas as cores, formatos e sons. São muitos que, em conjunto com a flora, da qual são inseparáveis, formam alguns dos ambientes de maior biodiversidade do planeta Terra.

Na Amazônia, credita-se a criação do modo de viver dos homens a Jurupari. Figura mitológica, é conhecido por todos os lados, mas sua história muda ligeiramente de um local para outro. Conta-se que uma índia virgem comeu uma fruta de maneira desatenta e o sumo escorreu-lhe por todo o corpo, incluindo suas partes íntimas, e gerou-lhe um filho: Jurupari. Mas a criança sumiu logo após o nascimento. Só a mãe sentia o menino mamando e brincando perto de si. Ao completar quinze anos, voltou a aparecer para devolver aos homens o poder de comandar as tribos, que as mulheres vinham tomando para si. Entre outras coisas, instituiu os cerimoniais do sol, ensinando os homens a guerrear e a jejuar antes das danças. Voltou a desaparecer da mesma maneira que nasceu, misteriosamente, mas continua vivo nos rituais das tribos amazônicas, que dançam e tocam instrumentos sagrados segundo seus ensinamentos.

Úmida e sempre verde, a Mata Atlântica exibe uma íncrivel diversidade de espécies de árvores, arbustos, ervas, lianas e epífitas

O rio Betary, no vale do Ribeira (SP), corta uma das principais regiões de cavernas do país

A MATA ATLÂNTICA

Para o naturalista Charles Darwin, que passou um tempo no Rio de Janeiro durante a viagem em que imaginou a teoria de evolução das espécies, "Era impossível desejar por qualquer coisa mais deliciosa do que passar algumas semanas em local tão magnífico. Na Inglaterra, qualquer um que goste de história natural aprecia em seus passeios grande vantagem, por sempre ter algo que atraia sua atenção; mas nestes climas férteis, vibrando de vida, as atrações são tantas que, raramente, ele pode andar um pouco".

A Mata Atlântica é a segunda maior floresta brasileira e uma das cinco eco-regiões de maior biodiversidade do planeta. Recebeu este nome por acompanhar os contornos do litoral do país, junto ao Oceano Atlântico. Leva também, infelizmente, o título de uma das eco-regiões mais ameaçadas do mundo. Originalmente, estendia-se desde o Rio Grande do Norte até o Rio Grande do Sul, penetrando o continente por milhas e milhas, ocupando uma área de cerca de 1,1 milhão de quilômetros quadrados, aproximadamente 12% do território nacional. No entanto, com a colonização, foi exatamente nesta faixa de terra que as cidades se implantaram, as vias de comunicação se expandiram, as principais indústrias se fixaram e a mata foi cedendo espaço à agricultura e à urbanização. Neste local reside também 70% da população brasileira. Hoje, a floresta está restrita a algumas manchas, sendo que as maiores encontram-se principalmente no trecho denominado Serra do Mar, entre os estados do Paraná e São Paulo. Da cobertura original resta apenas cerca de 8%, distribuídos principalmente entre Santa Catarina e Bahia, com algumas manchas até Pernambuco.

Segundo Andre Thevet, um dos exploradores franceses que pretendiam tornar o Brasil a "França Antártica", a Mata Atlântica seria "exposta dia e noite ao vento e à chuva (fenômenos aos quais esta terra é muito sujeita)". Ainda segundo ele, "...os terrenos que se encontram por toda a América, são fertilíssimos, repletos de árvores que dão excelentes frutos, sem exigirem cultivo ou cuidados. Não há dúvida que se estes terrenos fossem cultivados produziriam maravilhosamente, tendo em vista sua situação, suas belíssimas montanhas e vastas planícies, seus rios piscosos e a grande fertilidade das terras, tanto insulares quanto continentais".

Observando de longe, percebe-se que a vegetação da Mata Atlântica conta com vários estratos ou níveis, nos quais plantas de alturas distintas vivem entrelaçadas. O mais alto deles, o dossel, é formado por grandes árvores cujas copas se juntam, formando um "teto", com altura média em torno de 20 a 30 metros. Algumas árvores, chamadas emergentes, ainda se sobressaem, espichando-se acima do dossel. Abaixo desse dossel existem ainda um ou dois níveis intermediários, com árvores mais baixas, e um estrato herbáceo composto de plantas rasteiras. No entanto, o que realmente encanta na Mata Atlântica é a incrível abundância de plantas recobrindo os troncos das árvores. São espécies que sobem a partir do solo, apoiando-se em outras que se desenvolvem no alto, mandando suas raízes para o solo e outras que utilizam os troncos somente como apoio. Dentre estas, destacam-se bromélias, delicadas orquídeas, folhagens ornamentais de aráceas (plantas da família dos antúrios, copos-de-leite e costelas-de-adão), samambaias, líquens e musgos que, numa maravilhosa profusão, enfeitam a parte de baixo da floresta. Ao todo, esta floresta tem catalogadas cerca de vinte mil espécies de plantas.

O mico-leão-da-cara-dourada é uma das espécies endêmicas da Mata Atlântica

A fantástica Mata Atlântica muda de aspecto conforme a altitude da serra, a inclinação da montanha e a localização geográfica. Mais ao norte, adquire aspectos amazônicos, que lhe renderam o apelido de "Hiléia Baiana". Nas baixadas arenosas, é mais baixa e chamam-na jundu ou vegetação de restinga. Nas matas interioranas, hoje já tão escassas, é a floresta mais seca, semi-decídua, dos fragmentos. Nas altitudes, cede lugar aos campos desenvolvidos sobre a rocha.

Os chamados "domínios da Mata Atlântica" abrangem então as paisagens das matas de encosta, de altitude, de planície, costeiras, interioranas e mistas com pinheiros, além das dunas, dos manguezais, das ilhas costeiras e oceânicas, dos campos de altitude e até algumas pequenas manchas de cerrado.

Conforme a altitude se eleva, a floresta tropical pode ceder espaço aos campos de altitude, onde é comum ver as rochas aflorando na superfície. Como os solos nestes locais são rasos, árvores maiores não sobrevivem à vegetação herbácea. Nestes ambientes predominam os capins, as taquaras, as bromélias e os líquenes.

A mata de araucárias, ou de pinhais, desenvolve-se em altitudes acima de quinhentos metros, onde a temperatura é mais baixa. Aqui estão os dois únicos representantes do grupo dos pinheiros no Brasil: as araucárias, também chamadas de pinheiros-do-paraná, e os pinheiros-bravos.

Os manguezais aparecem em terrenos planos, nas áreas de contato entre rio e mar. As espécies arbóreas são poucas, basicamente três, o que torna a paisagem bastante homogênea. Nestes ambientes, muitas espécies da fauna marinha e de água doce colocam seus ovos ou têm suas crias tranqüilamente, com garantia de alimento em abundância.

As dunas são as formações de areia construídas pelo vento. Formam-se quando o vento encontra um obstáculo pela frente, propiciando a acumulação de areia. Dependendo da força e da intensidade da corrente de ar, podem ser formadas dunas de até cem metros de altura. Nelas, devido às altas temperaturas e aos contornos mutáveis, poucas plantas conseguem crescer. Funcionam como barreiras contra ventos fortes, ajudando a proteger a vegetação que se desenvolve atrás delas. Entre uma duna e outra, é comum o acúmulo da água das chuvas, permitindo a formação de lagoas.

Entre os aspectos desta floresta tropical que impressionaram os primeiros europeus estavam frutos deliciosos, como goiabas, pitangas e jabuticabas. Encantaram-se também com os belos pinheiros "de braços abertos" – as araucárias – que ocorrem com mais freqüência no sul e fornecem o saboroso pinhão e com a simpática palmeira de raízes vermelhas de onde se retira o palmito-juçara. "Em suma, trata-se de um local aprazível e fértil. E quando se penetra no interior, depara-se com uma extensa planície, coberta de árvores diferentes da nossas

O Curupira é o personagem da mitologia brasileira responsável por tomar conta das matas e está presente onde existe floresta. Conhece cada cantinho, cada árvore, cada bicho. Para evitar que a fauna seja perseguida e caçada, grita por entre a vegetação avisando os animais que tem gente ruim por perto. Seus longos e estridentes gritos, as batidas nas árvores e o vento que provoca deixam os caçadores apavorados. Anda montado num porco-do-mato e acompanhado por outros tantos, que o ajudam a fazer barulho e espantar as pessoas más. Mas o Curupira também reconhece quem gosta da floresta e de seus animais, protegendo esta gente, indicando caminho, água e comida. Em troca, não quer nada além de pinga e fumo, que os índios costumam deixar para ele escondidos no mato, junto com farinha, arcos e flechas.

na Europa e cortada por belos rios piscosos, de águas maravilhosamente límpidas". (A. Thevet)

As cores da Mata Atlântica são muitas, além das várias tonalidades de verde. As quaresmeiras exibem suas flores roxas ou cor-de-rosa no final do verão – no período da quaresma. O colorido manacá-da-serra, tão comum na serra do mar, floresce no final da primavera, manchando a mata de roxo e branco. O emergente guapuruvu dá flores amarelas entre a primavera e o verão, destacando-se na paisagem, enquanto o maravilhoso ipê-amarelo salta aos olhos em meio ao verde no final do inverno.

O solo é pouco profundo, pois existe uma camada rochosa logo abaixo da superfície que chega a aflorar em alguns pontos. Como na Floresta Amazônica, a exuberância da mata é decorrente, entre outras coisas, da camada de matéria orgânica depositada sobre o solo: o húmus, formado por restos de plantas e animais que caem na terra. No outro oposto está a parte alta da floresta, a copa das árvores, um dos ambientes da mata menos conhecidos devido à dificuldade de acesso, e justamente onde têm sido encontradas várias espécies novas.

Dois dos naturalistas que se destacaram em suas visitas ao Brasil no século XIX foram os austríacos Von Spix – zoólogo – e Von Martius - botânico. Vieram na comitiva que investigou o país onde viria morar D. Leopoldina, filha do imperador austríaco e prometida a Dom Pedro I. Exploraram a Mata Atlântica em toda a sua exuberância, coletando espécies, desenhando tudo o que viam e observando os costumes da população. Percorreram o Brasil por cerca de três anos, conhecendo também outros biomas, como o Cerrado e a Floresta Amazônica. O resultado de seu trabalho é utilizado até hoje como referência para pesquisadores. Entre suas contribuições estão o mapa que divide o Brasil em cinco províncias de vegetação – Oreades, Hamadryades, Napaeae, Naiades e Dryades – e os raros exemplares do livro *Flora Brasilis,* de Martius.

A fauna da Mata Atlântica, por sua vez, também impressiona em colorido, canto, movimento, diversidade e tamanho. Dos minúsculos beija-flores às abundantes saíras de colorido intenso, dos sonoros sabiás aos numerosíssimos e diferentes insetos. Entre as espécies, em grande parte endêmicas – a Mata Atlântica tem um dos maiores índices de endemismos do planeta –, contabilizam-se cerca de 629 espécies de aves, 260 de mamíferos e um pouco mais de anfíbios. Observar um animal numa floresta tropical é função para olhos e ouvidos atentos. A diversidade e exuberância da vegetação dificultam a avistagem da fauna. Assim, para encontrar um bicho, deve-se buscar seus indícios: sons e cantos, pegadas na terra úmida, fezes, penas, marcas de arranhões, de mordidas etc. Além destes detalhes, muitos animais ainda têm hábitos noturnos, como os felinos, ou vivem escondidos em buracos, como os tatus. Entre os que se destacam estão espécies como

À esquerda: os flamingos podem ser encontrados nas áreas costeiras do Parque Nacional da Lagoa do Peixe (RS)

Abaixo: os antúrios da família das aráceas, são muito comuns na Mata Atlântica, assim como as orquídeas

À direita, o ambiente cavernícola conta com inúmeras formações em calcário, conhecidas coletivamente como espeleotemas

Abaixo: bolo de noiva e cortinas

o endêmico e ameaçado muriqui, os belos e simpáticos micos-leões, as inúmeras espécies de papagaios, as onças pintada e parda, e muitos, muitos outros.

As paisagens da Mata Atlântica estão, talvez, entre as mais belas do país, e mesmo do mundo: as cavernas do vale do rio Ribeira de Iguape destacam-se em quantidade, porte e número de espeleotemas; as cataratas do Iguaçu, com seu enorme volume de água; o complexo estuarino-lagunar Cananéia-Iguape e a região vizinha no litoral paranaense, com seus inúmeros canais e ilhas; as ilhas oceânicas de Fernando de Noronha e Trindade; as encostas abruptas da serra dos Órgãos; os belos cordões rochosos da lagoa do Peixe e muitos outros locais, tão ou mais maravilhosos.

Serra do mar coberta de mata, observada por ilhas, imersa nas núvens e com vista para o Oceano Atlântico

A Serra do Mar

O trecho de Mata Atlântica denominado Serra do Mar corresponde a uma cadeia montanhosa que corre paralela ao mar, desde Santa Catarina até o Rio de Janeiro. O encontro da mata com a costa acontece de duas formas distintas: por meio de encostas abruptas, com as montanhas chegando perto do mar, ou por meio de extensas planícies arenosas, fazendo com que montanhas e praias fiquem mais distantes. Cada uma tem características e encantos próprios. Existem belíssimas praias de águas esverdeadas, pequeninas, nas quais a floresta encosta no oceano e as cachoeiras despencam diretamente no mar; e praias extensas de areia batida, onde matas mais baixas, repletas de bromélias e orquídeas, crescem junto ao mar. Os rios que deságuam nestes locais formam, normalmente, extensos manguezais.

Incrível imaginar que em pleno século XXI ainda existam praias quase desertas, grudadas à mata de encosta, muito próximas dos grandes centros urbanos, como São Paulo, Rio de Janeiro e Curitiba, por exemplo. Os cinco séculos de ocupação reduziram a mata mas deixaram, ainda, alguns trechos do paraíso perdido ou éden tropical descritos pelos primeiros exploradores e colonizadores.

CAPÍTULO I

A FLORESTA E SEUS POVOS

Dizem que o ambiente, por muito tempo, determinou o dia-a-dia e as opções de seus povos. Hoje somos levados a crer que o ser humano domina a natureza, invertendo esta antiga relação. Mesmo assim, a presença das duas grandes florestas tropicais brasileiras – a Floresta Amazônica e a Mata Atlântica – é acolhida no cotidiano e cantada em cada grande parte deste Brasil.

Acima, menina brinca com periquitos na Amazônia

Página anterior: crianças Kamayurá, Parque Indígena do Xingu (MT)

Exemplos folclóricos da força da floresta são sentidos na rotina de seus moradores e visitantes: quando chega um "brasileiro de fora" à região Norte do próprio Brasil é comum que ele aprenda a agendar seus compromissos para "após a chuva". Quando é verão no restante do país, na Amazônia é "inverno", época das chuvas no reino das águas. O que não dizer, então, das relações da floresta com o povo que vive fora das cidades, em permanente contato com a natureza? Um povo dependente da floresta, reconhecido e auto-reconhecido como representante de sociedades especiais, denominadas tradicionais, dentre as quais destacam-se as sociedades indígenas.

Para observar a relação floresta/povos na região sudeste, basta deixar-se levar pelos horários dos caiçaras e dos pescadores artesanais do Lagamar paulista, pegar uma simples carona de canoa, ou "fazer a despesca" da tainha em um cerco fixo – a poucas horas da metrópole paulista. O relógio do caiçara é regido pela "tábua de marés". Para ele, o conhecimento do clima e do regime de marés vem da experiência e é passado de pai para filho, principalmente por tradição oral. Não se trata de dominar o ambiente, mas conviver com a mudança das marés, a força das correntes etc. Da mesma forma, pode-se aprender com os caboclos, à beira de um igapó, cuja vida – baseada na pesca, no plantio, na caça, no extrativismo vegetal, na moradia em palafitas – segue o sistema de cheias e vazantes imposto pelas chuvas amazônicas.

O mundo singular das florestas tropicais brasileiras é amplo e conta com uma enorme diversidade de povos. Das várias propostas de divisão dessas populações, serão apresentadas algumas, que mesclam a vida, as alegrias, os sonhos e as dores humanas, dos povos de cada uma destas magníficas florestas.

Três pontos comuns a todas saltam aos olhos em ambos os ecossistemas. Em primeiro lugar, a convivência entre floresta e povos nestes ambientes é baseada na ação coletiva – quase o oposto do que experimentamos nas grandes e modernas cidades brasileiras. As florestas funcionam assim. Seus habitantes também vivem de maneira que a lei do mais forte cede espaço à integração e à união. As populações conhecem a mata e as águas e utilizam códigos e linguagens especiais para traduzir este conhecimento. Combinam suas atividades num sistema dependente dos ciclos naturais, fazendo amplo uso do território e utilizando de maneira integrada os recursos ambientais, sociais e humanos. Sua área inclui também aparentes "vazios" – espaços temporariamente sem utilização evidente, mas que servem como áreas de descanso de terras, de extração de determinados produtos florestais, de importância religiosa, dentre outras destinações especiais e esporádicas.

A segunda observação refere-se à enorme importância das águas na vida desses povos. No transporte, por exemplo, apenas o sistema fluvial Solimões - Amazonas estende-se por mais de cinco mil quilômetros, quase se igualando em extensão à costa brasileira, neste caso, para o interior de nosso "país-continente". As águas também são importantes na comunicação, na manutenção dos ciclos de chuvas, fundamentais para a sobrevivência das espécies vegetais e na definição singular das estações do ano. Alguns estão mais intimamente relacionados à água: os pescadores artesanais, sejam de águas interiores, sejam de mar, por toda a extensão destas florestas; os jangadeiros que vivem desde a costa do Ceará ao sul da Bahia; os varjeiros, às margens de rios não-amazônicos; e os praieiros, na costa de grandes diferenças de maré e de belos manguezais, entre Piauí e Amapá.

A terceira observação diz respeito à importância histórica, sócio-cultural e estratégica da população residente nas florestas para o resgate de visões de desenvolvimento com conservação da natureza e da cultura. Algumas destas sociedades surgiram como formas de resistência em função do abandono pelos povos dominantes que as exploravam, ora como mão-de-obra escrava, ora como mão-de-obra barata. Acabavam, então, deslocando-se de um ciclo econômico para o seguinte. Nesta situação podem ser citados os caboclos, ao fim do ciclo da borracha na Amazônia; e os caipiras, ao fim do ciclo do café na Mata Atlântica.

Atualmente, estas visões são fundamentais para construirmos um "jeito brasileiro de desenvolvimento", adequado à cada realidade de ambiente (natural e rural), devidamente adaptada para outros cenários, como os urbanos, os rurais com intenso uso de capital e as áreas totalmente desprovidas de população humana.

Novas propostas para o manejo sustentável de recursos florestais chegaram para se unir a avançadas estratégias de mercado, com formas sociais coletivas de organização de trabalhadores e empreendedores. O constante contato do habitante de áreas naturais e rurais com o morador das cidades confirma a importância estratégica da floresta e de seus povos, já não mais tão isolados.

A adequação de experiências é essencial, afinal, estas populações tratam a floresta como sua única reserva coletiva de capital, atualmente em grande parte imobilizada por novos mecanismos de proteção legal da natureza ou por aumento no padrão de consumo destes povos, não suprido apenas pela floresta. Trata-se, portanto, de sociedades em plena efervescência, nas quais idéias como equilíbrio, participação, diversidade cultural e justiça parecem perfeitamente aplicáveis.

Índio Kamayurá caminha em frente à construção feita de madeira e palha no Xingu

SOCIEDADES INDÍGENAS

Como exemplo do genocídio dos índios, é cantada a sina dos Avá-Canoeiros, cuja população chegava à casa dos milhares no Alto Tocantins. Atualmente, restam poucas dezenas de sobreviventes.

Após inúmeros massacres ocorridos desde o início da colonização, estimativas apontam que hoje existem no Brasil mais de 350 mil índios (eram cerca de cinco milhões no início do século XVI), que ocupam mais de quinhentas terras indígenas (mais de 89 milhões de hectares), assim reconhecidas pelo Estado. São responsáveis por um rico patrimônio de mais de uma centena de idiomas (de um total original desconhecido, em função da ação das missões jesuítas, que fizeram do tupi a língua oficial dos índios brasileiros na Amazônia e na Mata Atlântica), em aproximadamente 215 etnias distintas (eram mais de 900 povos diferentes, sendo que alguns ainda estão isolados). A temática indígena, tão grande e complexa em nosso país, está presente em ambas as florestas.

A cultura indígena está em nosso dia-a-dia. Plantamos e comemos mandioca, abóbora, feijões, amendoim, batata-doce, maracujá, pitanga, caju. Extraímos das florestas e tentamos manejar ou domesticar palmitos, fibras, tinturas, plantas aromáticas e medicinais. Aprendemos técnicas peculiares para pescar e caçar: fazer armadilhas e redes, domesticar a fauna e conhecer seus hábitos.

Nomeamos grande parte de nossas cidades e bairros integrando palavras de origem indígena, seja tupi, carib ou aruak,

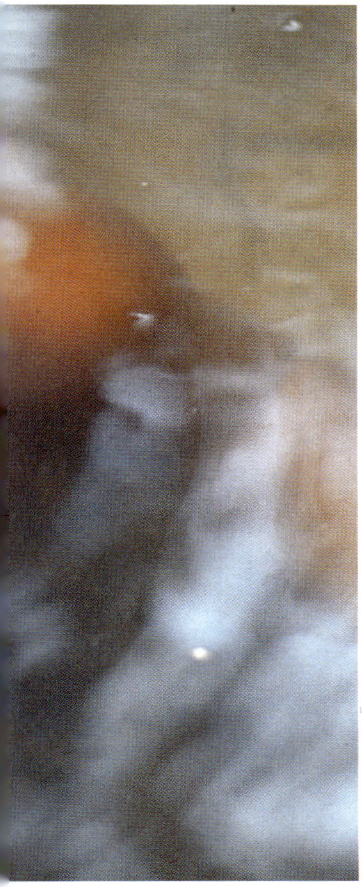

Criança Matsê na reserva indígena do rio Javar

no norte da Amazônia; seja tapuia, no Nordeste, no sertão de estados como o Ceará. Ibirapuera, "mata que já foi mata"; Anhangabaú, "rio dos malefícios do diabo"; Capibaribe, "rio das capivaras"; Ijuy, "rio das rãs"; Gurupy, "rio pedregoso", são alguns dos vários topônimos com origem tupi. Ainda lidamos com técnicas agrícolas de origem indígena, como consorciamento de culturas distintas e queimadas no preparo do solo, e utilizamos, ou temos como referências tecnológicas, as peneiras, os pilões, as canoas, as jangadas, as redes para dormir, as coberturas das casas feitas com folhas e palhas e os utensílios domésticos, como a famosa cestaria amazônica Baniwa, feita com fibras de arumã-brava, ricamente ornamentada e associada ao processamento e consumo de mandioca.

Alguns aspectos fundamentais da cultura indígena viraram herança para nós, passados por meio dos primeiros invasores. Aspectos particulares de sua cosmologia e da noção de continuidade entre a sociedade humana e a natureza são bons exemplos ainda presentes, espalhados pelo Brasil.

Parte importante das populações denominadas tradicionais ainda faz uso de aspectos da cultura indígena, adaptados ou não. É o caso dos caiçaras, na Mata Atlântica, e dos caboclos, na Floresta Amazônica. O trabalho em mutirão e a propriedade coletiva da terra são exemplos marcantes na estrutura social destes povos de origem indígena. Neste sentido, também considerando sua história anterior, estas sociedades podem ser encaradas como marco referencial, ao menos parcial, para os povos não indígenas das florestas.

As culturas dos brasileiros nativos apresentam imensas diferenças entre si, inclusive na mesma floresta, em função de pequenas alterações nos ambientes. Darcy Ribeiro ilustra esta situação ao retratar, por um lado, as sociedades indígenas que viviam ao longo da bacia do rio Amazonas, adaptando técnicas de lavoura praticadas pelos grupos Tupi de nosso litoral. De outro lado, em várzeas e em manchas de maior fertilidade de solos, foi possível o aparecimento de culturas indígenas com maior nível tecnológico, como as grandes aldeias de Marajó e do Tapajós. Sua cerâmica, fartamente modelada e colorida, é reconhecida como um grande achado arqueológico que permite entender melhor os habitantes dessas aldeias.

Casas de madeira e barro cobertas de
palma são chamadas de "pau-a-pique"

QUILOMBOLAS

As regiões que abrigam remanescentes de quilombos estão relacionadas a ciclos econômicos específicos. Os quilombos do vale do Ribeira paulista, por exemplo, estão relacionados ao ciclo da mineração, ocorrido regionalmente em meados do século XVII, quando escravos negros eram desembarcados no porto de Iguape. Algumas comunidades do Nordeste estão associadas ao ciclo da cana.

Os quilombos eram refúgios montados por negros, na maioria escravos que fugiam ou que surgiam ao final de cada ciclo, quando eram deixados de lado pelos senhores. Eram refúgios em busca da sobrevivência e da reabertura cultural, onde o povo podia preservar seus costumes, tradições, idiomas, dignidade e, em muitos casos, até sua condição física. O Quilombo dos Palmares, o mais famoso deles, situado entre a Bahia e Pernambuco, foi uma realidade por cerca de 100 anos, reunindo mais de 30 mil negros. Foi destruído por um exército de mais de sete mil homens armados, buscando recuperar os fugitivos e destruir qualquer modelo que buscasse se contrapor ao poder central. A abolição formal da escravatura, em 1888, também influenciou a formação de certos quilombos – visto que os escravos foram novamente abandonados, sem qualquer assistência ou recurso, exceto sua própria união.

Os moradores dos quilombos são chamados de quilombolas e descendem de escravos negros trazidos principalmente da costa ocidental africana, e que foram tratados com extrema violência. Vieram de três grandes grupos distintos e tiveram que se integrar nas terras brasileiras, seja na senzala, seja nos quilombos: das culturas do Sudão, grupos como os Yoruba, Dahomey e Fanti-Ashanti, entre outros menores, das culturas islamizadas e das tribos Bantu. Praticantes de agricultura familiar, com heranças tecnológicas indígenas, como a coivara, mantêm até hoje organização coletiva da força de trabalho, além da propriedade coletiva das terras. Também praticam o extrativismo de produtos florestais e a pesca, quando possível.

Os quilombos ocorrem em ambas as florestas, como no litoral norte de São Paulo, na Mata Atlântica, e em Trombetas, na Floresta Amazônica. São estimadas hoje, pela Fundação Cultural Palmares, cerca de mil comunidades quilombolas no Brasil. Os escravos começaram a chegar na primeira metade do século XVI, num processo que durou cerca de trezentos anos e trouxe aproximadamente 6,5 milhões de negros da África.

Caboclo da Amazônia

OS POVOS DA FLORESTA AMAZÔNICA

Parcelas importantes da Amazônia, denominadas "florestas vazias" ou "florestas mortas-vivas", correspondem às áreas que foram locais de intensas caçadas, mas que ainda mantêm sua riqueza florística. Alguns levantamentos indicam o número aproximado de 23 milhões de animais mortos na Amazônia brasileira, a cada ano, por motivos comerciais e/ou de subsistência. Esta situação pode ser ainda mais complexa se considerarmos os animais perdidos e feridos mortalmente – neste caso o número chegaria a 60 milhões. Mesmo que estes dados possam ser reduzidos, estas áreas estariam condenadas, uma vez que os caçadores preferem ainda aves e mamíferos de grande porte, espécies de fundamental importância ecológica.

A Amazônia Legal, categoria administrativa que se refere aos estados da nação que possuem trechos de Floresta Amazônica, é mais extensa do que a própria floresta e ocupa mais da metade do território brasileiro, onde as áreas urbanas e agrícolas são manchas que se espalham pela imensidão da mata. Os povos da floresta estão bem distribuídos na grande massa verde, com territórios tradicionais supostamente adequados aos seus costumes. A população regional, inclusive a das cidades, fica próxima de 10% do total brasileiro. Diante da riqueza da floresta, à primeira vista os aglomerados humanos são entremeados por grandes "vazios humanos". Considerando, no entanto, a distribuição pré-histórica e histórica dos povos neste ambiente, os aparentes "vazios" têm suas áreas reduzidas.

Na imensa floresta vivem alguns povos típicos de suas terras e águas. No início da colonização, o "rio das Amazonas" e a mata eram repletos de mistérios, aventuras e desejos. Várias culturas, vários países, inclusive os próprios "brasileiros do Sul e do Nordeste", contribuíram para uma mistura que gerou orgulho, valentia, erros, acertos e muitas lendas e histórias. Naturalistas, aventureiros, militares, empreendedores. Espanhóis, portugueses – que intensificaram sua presença a partir do final do século XVI –, franceses, irlandeses, holandeses e ingleses. No rastro das expedições, missões jesuítas e dominicanas geraram escravidão, aculturação dos índios e relatos fundamentais. Desta grande invasão amazônica ficaram nomes ilustres, como os naturalistas Alexandre Rodrigues Ferreira, brasileiro que retratou com esmero os habitantes locais do século XVIII, Alfred Wallace e Emílio Goeldi.

Mais recentemente, outros brasileiros também chegaram à grande floresta. Quase sempre repetiram a estratégia dos demais, reservando nenhum ou poucos direitos aos que lá estavam e aos que lá estão. Mas houve também quem retratasse, relatasse e divulgasse as sociedades indígenas, como os olhos especiais de Wolf Jesco Von Puttkamer, que registrou mais de 100 mil imagens de 61 sociedades indígenas, ou os irmãos Villas Bôas, que por décadas se dedicaram à causa dos povos nativos. Assim, a grande massa verde é habitada por povos indígenas e não-indígenas, todos da floresta, que um dia foi "das Amazonas" e hoje a eles pertence.

Dos ciclos de descobrimento, ocupação, exploração e abandono sobressai na região o período da borracha. Importante na formação do povo caboclo, ocupou mais de um milhão de pessoas, rapidamente abandonadas na floresta após a crise do látex natural, em 1912.

Houve também um "segundo ciclo", durante a Segunda Guerra Mundial, que se estendeu até a década de 1970 e abandonou mais cinqüenta mil famílias na região. Estes processos permitiram às populações locais diversificar suas atividades, além de contribuir para a riqueza das cidades: Belém chegou a ser a quarta cidade brasileira em população, no ano de 1872; Sena Madureira foi a primeira capital do Acre e, no início do século XX, era servida por bondes elétricos; e Manaus, onde o Teatro Amazonas resplandece até hoje as divisas advindas da época da borracha. Mais recentemente, como estratégia de segurança nacional, as rodovias geraram fluxos para

Hoje o gado ocupa uma grande parte das áreas que um dia já foram cobertas por florestas tropicais no Brasil

dentro desta floresta em traçados bem definidos, associadas a planos de colonização completamente deslocados da realidade local. Para evitar a derrubada das matas e dos seringais, preservando seu modo de vida e as florestas, foram promovidos heróicos "empates", por mais de dez anos: mulheres, homens e crianças se dirigiam às áreas de desmatamento, tentando evitar que se transformassem em pastos. Grandes personalidades da luta seringalista foram assassinadas neste processo, como Wilson Pinheiro (1980) e Chico Mendes (1988). As reações a esta onda de violência foram imensas, ampliando o alcance das Reservas Extrativistas e do próprio Conselho Nacional dos Seringueiros.

Enfim, a mineração acabou por definir novo desenho para áreas antigas de floresta. Ouro, ferro e cassiterita são marcantes na história sócio-econômica da região Norte e trazem imagens consagradas às nossas mentes, como Carajás, que explora ferro e outros minérios, e Serra Pelada, famosa pelo ouro. Neste processo, aparece uma outra figura de especial interesse: a do garimpeiro.

O resgate desta história pretende reforçar que a política de ciclos tem continuado com os mesmos efeitos sobre esta população reconhecida como tradicional. Também busca evidenciar que estas motivações econômicas e macro-estratégicas ainda nos estimulam a penetrar em locais ainda pouco ou nada conhecidos. Neste contexto, certos grupos indígenas tiveram seu primeiro contato com nossa sociedade em pleno final do século XX, e outros, os chamados de "brabos", sequer foram contatados. No início do novo milênio, a política de ciclos mostra pequenos indícios de que talvez tenha sido encontrado um ponto de inflexão, caminhando para seu fim e permitindo vislumbrar opções mais adequadas à região, que mesclam agrofloresta com manejo florestal, conservação e outras atividades sustentáveis. Ganham importância os exemplos de exploração sustentável dos recursos naturais, florestais ou pesqueiros, a função regional de conservação e a garantia de integridade das várias áreas indígenas. São algumas dezenas de unidades de conservação federais na região, reunindo as maiores áreas individualmente protegidas do país, como a do Parque Nacional do Jaú e a do recente e gigantesco Parque Nacional das Montanhas do Tucumaque, e os mais importantes exemplos de unidades de uso sustentável, como as Reservas Extrativistas e as Reservas de Desenvolvimento Sustentável, que integram conservação da natureza com apoio à manutenção da vida de comunidades. A Reserva Estadual de Desenvolvimento Sustentável Mamirauá é um bom exemplo de gestão participativa, envolvendo pesquisadores, técnicos e cerca de cinco mil moradores, distribuídos em mais de cinqüenta localidades.

Piaçava, retirada de uma palmeira, é um dos principais produtos escoados pelo Porto de Barcelos (AM)

SOCIEDADES EXTRATIVISTAS, POPULAÇÕES RIBEIRINHAS E CABOCLOS

Seringueiros (caucheiros) e castanheiros são exemplos do povo representante do "Brasil Caboclo" proposto por Darcy Ribeiro, estimado em mais de três milhões de brasileiros. Sua identificação está intimamente associada ao principal recurso florestal explorado ou ao principal ambiente ocupado. Pode-se dividir ainda os grupos que vivem de recursos da florestas em outros grupos distintos. Os ribeirinhos, por exemplo, por sua maior dependência da pesca, seriam uma categoria diferente dos seringueiros e castanheiros, mais afeitos à vida em terra.

Acima: castanheiro carrega ouriços de castanha-do-pará

À direita: menino coleta açaí na Amazônia

É o caso também dos babaçueiros. Existentes tanto na Amazônia maranhense como em áreas não amazônicas (Piauí e Goiás), sua principal atividade consiste em coletar, processar e comercializar os cocos, para produzir óleo, as folhas e a casca da palmeira babaçu. Estima-se que sejam mais de duzentas mil famílias vivendo desta planta. As áreas de ocorrência do babaçu – que chegam a ser hegemônicas – podem não se configurar, atualmente, como Floresta Amazônica, abrangendo também áreas contíguas de cerrado. Estes babaçuais localizados fora da bacia amazônica, por algum tempo, no final do século XVIII, foram o principal centro econômico da Colônia, com a prática de agricultura e extrativismo. Atualmente, no período livre da "lida" com o babaçu, homens e mulheres ainda trabalham da mesma forma, mesclando seu tempo com agricultura familiar, tal qual os caboclos, além de manejarem pequenas criações de animais domesticados.

Os caboclos podem ser identificados, também, em função dos territórios tradicionalmente ocupados. Habitantes caboclos do Pará são denominados de parauaras, enquanto os de Manaus são chamados de manauras. Genericamente, o caboclo responde pelo povo resistente e adaptado, com singela beleza, às terras e águas amazônicas, vivendo em condições extremamente duras. Suas atividades baseiam-se no extrativismo, florestal ou aquático, e na prática da agricultura. Sua origem remonta ao encontro dos indígenas com os europeus, inclusive açorianos, trazidos pela Coroa Portuguesa. Povo de secular conhecimento, seu aprendizado não conseguiu acompanhar a velocidade com que foi desalojado de suas terras e águas, novamente sem direito a escolhas. Esta sina levou mais da metade de sua gente para cidades como Santarém, Manaus e Belém. Em terra, são expulsos em função dos constantes atritos com projetos mineradores, agropecuários, extrativistas empresariais, urbanos e imobiliários. Nas águas, lutam para não perder espaço para a pesca comercial.

Em grande parte, os caboclos vivem nas palafitas construídas de madeira e adaptadas ao regime de cheias – uma vez que estão às margens dos rios, igarapés, igapós, lagos e várzeas. Alguns traços culturais são extremamente fortes, como a visão coletiva a respeito do trabalho e da propriedade de terras. As festas evidenciam a forma alegre e profunda com que enfrentam o dia-a-dia. Como exemplo, mesclando a religião oficial com o chamado profano, o boi-bumbá é celebrado próximo ao dia de São João, no final de junho. As vilas e cidades de Marajó acabam por se encantar com seus cantos e danças. Parintins é a versão comercial mais divulgada desta festa. Outras festas e danças bastante populares também integram a influência da religião oficial com as culturas indígenas, como o paraense carimbó, e as trazidas pelos escravos negros.

Carroças puxadas por gado bovino
ainda são bastante utilizadas no
universo caipira

Parati: cidade histórica da Mata Atlântica que já foi importante área de produção açucareira e porto

OS POVOS DA MATA ATLÂNTICA

O "Domínio de Mata Atlântica", consideravelmente mais extenso que a floresta de mesmo nome, ocupa quase toda região costeira do país, além de importantes áreas interioranas. Com imensas taxas de urbanização e de industrialização e com impressionantes trechos destinados à agropecuária, restam pequenas manchas com remanescentes desta floresta – que totalizam cerca de 8% da cobertura original. Seus povos tradicionais estão localizados nesses poucos pontos, constantemente ameaçados por pressões externas, como o avanço da urbanização.

O contato com a nossa moderna sociedade é intenso. Seja proposital, em atividades como comércio e turismo receptivo, seja não intencional, no dia-a-dia. A prática de ciclos econômicos foi bastante intensa e cruel, desde 1500, sobre a floresta Atlântica e seus povos. A exploração do pau-brasil, que perdurou por séculos, marcou o início desta impressionante seqüência. Ao período de maior exploração desta árvore seguiu-se o ciclo da cana-de-açúcar, substituído, por sua vez, pelos ciclos da mineração e do café. Diante da falta de conhecimento e da grandeza do território e da floresta, foi muito utilizada a prática das "terras descartáveis", com impactos sentidos até os dias atuais. Após cada ciclo, grandes populações eram abandonadas pelos senhores das terras, fazendo com que os povos criassem seus próprios mecanismos de resistência.

Também nesta floresta chegaram várias influências culturais, seguindo a chegada dos portugueses. Espanhóis, holandeses, alemães, ingleses e franceses, todos relegando aos que aqui habitavam e aos africanos para cá trazidos pela escravidão, nenhum ou poucos direitos. Um dos maiores ciclos econômicos reflete a intensidade dos choques culturais na região: o café, oriundo da Etiópia, devastou a Mata Atlântica e permanece, até hoje, símbolo de brasilidade.

A escravidão de indígenas e de negros trazidos da África trouxe alterações fundamentais no trato das sociedades denominadas tradicionais. A resistência à escravidão originou um importante grupo tradicional, os quilombolas, e, por outro lado, aniquilou as sociedades indígenas, antes maioria na região. Segundo o Padre Antônio Vieira, foram mais de dois milhões de índios "gastos pelos colonos em nome da civilização", ainda no século XVII. Os massacres de índios pelos portugueses foram inúmeros, cruéis e ocorreram principalmente nos séculos XVI e XVII, como os ocorridos na atual cidade de Ilhéus (BA), que destruíram completamente grupos Aimoré antes existentes naquelas paragens.

CAIPIRAS, CAIÇARAS E AÇORIANOS

Na região Sudeste existe a figura do caipira, que parece ficar à margem do avanço de "nossa sociedade", praticando agricultura familiar, lidando com pequenas criações de animais e dando os primeiros passos em turismo e na agroindústria caseira. Agricultura comercial, urbanização, turismo, pecuária e industrialização são alguns exemplos de atividades que transitam nos mundos distintos do "Brasil Caipira".

A unidade básica de organização do caipira, também chamado de caboclo em várias localidades, é o bairro rural, situado entre a família e a vila. A opção pelo santo padroeiro e a igrejinha determinam

Canoa feita de um pau só. Técnica primitiva de construção mantida pelos antigos caiçaras da região de São Sebastião (SP)

a abrangência de seu território, que chega a ultrapassar limites municipais e de bacias hidrográficas.

As técnicas agrícolas aproximam-se da herança indígena, como o uso da queimada (coivara) após derrubadas constantes da mata e o trabalho coletivo, como os mutirões. Esta agricultura mescla-se, na medida do possível, com caça, pesca e coleta de produtos florestais. A mistura com o indígena foi intensa e é visível até os dias atuais. O caipira também é fruto da integração com vários imigrantes, principalmente os de origem italiana, que ajudaram a construir a riqueza do café.

Sua origem, como a de outros povos, é encontrada no encerramento de ciclos econômicos: o da cana-de-açúcar, que relegou a pobreza a São Paulo por mais de um século, enquanto os senhores do Nordeste acumulavam seus dividendos; o da mineração, que no final do século XVIII entrou em colapso, gerando um enorme contingente de habitantes que trataram de criar formas de resistência, ressaltando a cultura caipira; e o do café, que mobilizou milhões de trabalhadores, escravos e livres, com destino semelhante, no início do século XX. Os que ficaram no campo reforçaram esta cultura para os demais, enquanto a industrialização e a urbanização ganharam os contornos já conhecidos no Sudeste. O agravante destes ciclos do Sudeste, em pleno território caipira, é o desastre ecológico que surgiu após seu encerramento, com a retirada das matas e a implantação das culturas.

A influência cultural do caipira é imensa no Brasil. Envolve desde os livros de Monteiro Lobato, do vale do Paraíba paulista; passando pelos filmes de Mazzaropi, gerados principalmente a partir da bela Taubaté; e chegando à música popular, dos anos 1920 aos dias atuais, com João Pacífico, Alvarenga e Ranchinho, Inezita Barroso e Renato Teixeira, entre tantos outros.

Moradores da área costeira do "Brasil Caipira", os caiçaras ocupam o litoral da Mata Atlântica, do Rio de Janeiro ao Paraná – para alguns, até o norte de Santa Catarina. Pescadores e navegantes, principalmente de águas salobras semi-abertas – estuários e lagunas –, com grande respeito pelo mar aberto e pelas barras, ocupam com primazia as terras de floresta e as agrícolas, historicamente sua atividade original, segundo vários autores. Combinam as atividades extrativista, florestal e aquática com a pesca artesanal e a agricultura familiar, utilizando técnicas herdadas dos indígenas. Um exemplo dos produtos que costumam extrair e manejar são as ostras, presentes nos manguezais de Cananéia, em São Paulo.

Os caiçaras são fruto da integração entre indígenas, colonizadores europeus e, em alguns casos, escravos africanos. Estabelecem constantes contatos e trocas com as cidades criadas ao longo da costa, sendo que alguns centros urbanos ainda mantêm forte esta "alma caiçara", como Parati, cantada por Luis Perequê e seu "encanto caiçara", no Rio de Janeiro; Ubatuba, Ilhabela, São Sebastião, Iguape e Cananéia, em São Paulo; e as paranaenses Antonina e Paranaguá. Suas vilas, algumas chamadas de "isoladas" – como Retiro e Varadouro, a vila mais ao sul do litoral paulista – têm acesso somente por longos caminhos em terra e por água. Os ciclos econômicos foram marcantes para este povo e estas cidades.

Com o fim da escravidão, a agricultura e as próprias regiões entraram em declínio e os caiçaras iniciaram seu direcionamento mais intensivo à pesca e ao extrativismo. A partir da metade do século XX, o turismo e a urbanização começaram a ser orientados para suas áreas, intensificando-se na década de 1970. Vários conflitos culturais surgiram com a retirada da posse secular das terras caiçaras. Como conseqüência, seu modo de vida foi modificado e o caiçara jogado das praias para

As "canoas de voga" ainda fazem a história caiçara – que pode ser aprendida numa visita ao Museu do Mar, em São Francisco do Sul (SC). Outra forma de aprendizado consiste em acompanhar os movimentos dos mestres que fazem estas canoas. Desde os tempos coloniais, todo transporte dos produtos da pesca, da agricultura e do extrativismo seguia de canoa, no sentido inverso dos produtos trocados ou comprados nas vilas e cidades.

áreas interiores. Mudaram também devido às inovações tecnológicas, como o uso de motor de centro nas canoas em substituição ao remo e do uso de refrigeração para conservar o pescado, substituindo a secagem, a salga e a defumação; além do surgimento de novas oportunidades de trabalho, como a construção civil ou o emprego doméstico.

As áreas naturais remanescentes da Mata Atlântica viram ainda uma intenção de conservação (a partir deste momento, sem a presença caiçara), ao mesmo tempo que maiores restrições na legislação ambiental, com a criação de unidades de conservação de uso indireto e de proteção integral, também foram responsáveis por modificações em suas vidas. A partir da década de 1970, ocorreram várias iniciativas de resistência dos caiçaras, por entidades de pesquisa e de interesses culturais, algumas com violência, outras de caráter cultural e construtivo, a exemplo do projeto cultural "São Sebastião tem Alma", que reúne representantes caiçaras e de outros estados costeiros.

Os açorianos são importantes referenciais na navegação e na pesca das regiões Sul e Sudeste do país. Descendem dos imigrantes chegados das ilhas dos Açores, que na costa de Santa Catarina e do Rio Grande do Sul encontraram outros, chegados tanto de Portugal como da ilha da Madeira. Mesclam a agricultura, sua atividade de origem, com as devidas influências indígenas, como o cultivo da mandioca, e com a pesca, necessária e abundante. Seu calendário de atividades anuais retrata a oferta dos recursos naturais explorados. Dessa forma, a presença da tainha em suas águas esvazia a agricultura de maio e agosto.

A baleia-franca, que conta com iniciativas especiais como o Projeto Baleia Franca e a criação da Área de Proteção Ambiental (APA) da Baleia-Franca, foi um dos animais intensamente explorados pelos açorianos. Atualmente, com a proibição de sua caça, que teve origem no Brasil no início do século XVI, as baleias retornam a estas águas. Antigos profissionais da captura baleeira hoje recebem visitantes, contam histórias do passado recente e trabalham a favor do completo restabelecimento deste mamífero, seja na construção de um museu em antiga armação de baleias, seja auxiliando a monitorar os animais.

Relatos evidenciam que a intensa urbanização pressionou os açorianos a direcionar a agricultura como atividade secundária, sendo a pesca a única depositária das demandas e dos investimentos desta gente laboriosa. Novas artes-de-pesca foram criadas e introduzidas, enquanto regiões vizinhas, como São Paulo, sofreram excesso de exploração, resultando na sobre-pesca. Os mais empreendedores foram para mais longe, para o encontro da Floresta Amazônica com o oceano. A região original permaneceu então com pescadores artesanais e coletores, como as famílias da Reserva Extrativista de Pirajubaé, em plena Florianópolis, e com criadores de moluscos, como os "fazendeiros" de mexilhão e os criadores de ostras de Santa Catarina.

CAPÍTULO II

HABITANTES E COLONIZADORES DA AMAZÔNIA

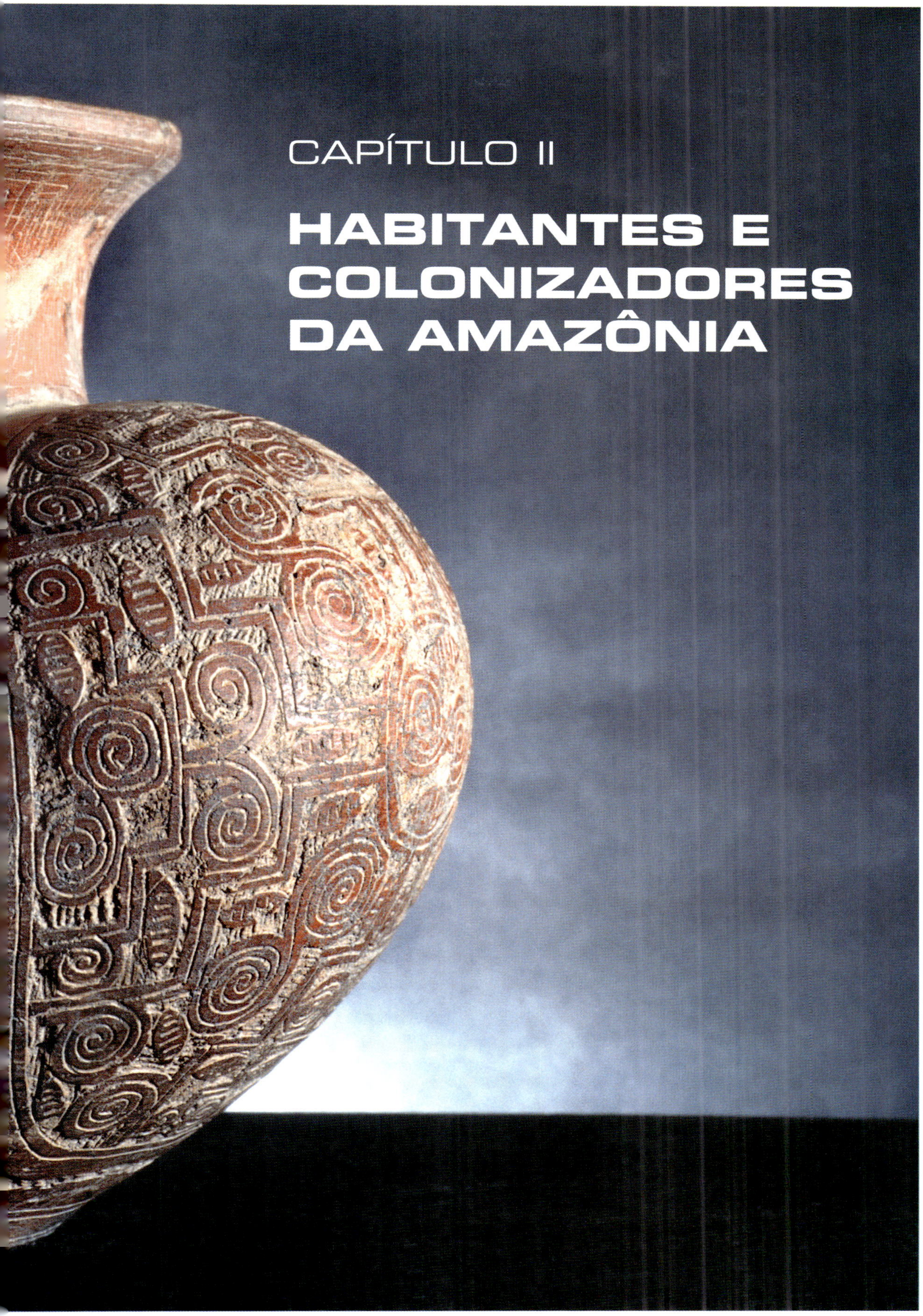

Acima, cerâmica Marajoara representando um tucano, Museu Paraense Emilio Goeldi

Página anterior: vaso de cerâmica Marajoara, Museu Paraense Emilio Goeldi

A gigantesca Amazônia, com sua mítica floresta tropical, não esconde templos perdidos e cobertos por raízes misteriosas, como ocorre na Mesoamérica e na Ásia, frustrando arqueó-logos e antropólogos de primeira viagem. No entanto, antes da chegada dos colonizadores, inúmeros povos viveram na vastidão de suas matas, onde construíram sua morada e, em muitos casos, deixaram vestígios que permitem identificar sua existência.

A Floresta Amazônica é reconhecida como um dos ecossistemas mais intactos do planeta. Mas, diferentemente do que se imaginava até há pouco, não corresponde a um ambiente natural intocado, no qual pequenos grupos indígenas sempre se distribuíram de maneira dispersa. A paisagem e a aparência que os colonizadores encontraram – e acreditaram ser totalmente natural – eram, na verdade, resultado da modificação causada por mãos humanas durante milênios.

Os estudiosos acreditam hoje que boa parte da paisagem Amazônica tem origem antropogênica, quer dizer, é resultante da modelagem e lapidação feita pelo ser humano. Apesar de seus antigos habitantes não terem o costume de domesticar animais, domesticaram muito cedo uma incrível variedade de espécies vegetais. Nos últimos oito mil anos foram cultivadas e manejadas espécies como mandioca, maracujá, cacau, tomate, caju, pimenta, tabaco, castanha-do-pará, babaçu, borracha, etc. Muitas de grande importância econômica até hoje. Outras, como a borracha, já fizeram parte de um ciclo de exploração, produção, distribuição e acumulação de divisas em proporções mundiais.

Outro mito que os arqueólogos têm descartado é o de que as populações préhistóricas que viviam na Amazônia eram nômades ou semi-nômades. Existem áreas enormes cujos solos férteis e escuros são excelentes para plantações. Atualmente muito procurados para o cultivo, esses locais de terra preta, nome pelo qual são localmente conhecidos, são resultantes do manejo de populações que ali viveram no período pré-colonial. Para deixar solos espessos e férteis após um período de assentamento, são necessários muitos anos, talvez centenas, de ocupação humana contínua, ou seja, sedentária.

Várias populações pré-históricas que habitaram a Floresta Amazônica não deixaram rastros de sua passagem, uma vez que o clima quente e úmido não ajuda a preservar restos e sim contribui para a sua deterioração e desaparecimento ao longo do tempo. Assim, as moradias – na maioria casas de barro, madeira e palha – os sepultamentos, os ornamentos confeccionados com produtos da floresta, como penas, sementes, madeiras e fibras, são vestígios importantes da presença humana que acabaram sucumbindo. Mas outros indícios deixaram informações dos povos que os confeccionaram, como as terras pretas e os grandes babaçuais e buritizais, ou ainda achados arqueológicos importantes e alguns sepultamentos. Alguns desses, foram deixados por sociedades bastante complexas, verdadeiras civilizações que floresceram principalmente no entorno do rio Amazonas.

O elevado grau de diferenciação social define também um domínio agrícola. De fato, as florestas de terras baixas da bacia Amazônica abrigaram populações ribeirinhas que podem ser consideradas os primeiros núcleos de economia agrícola das Américas. A maior parte das populações pré-históricas do Brasil era de caçadores e coletores. Justamente por não terem o costume de domesticar animais, esse povos sempre tiveram que caçar e pescar para conseguir a proteína necessária à sua sobrevivência. Uma exceção talvez possa ser atribuída ao caso das tartarugas de água doce, que alguns povos indígenas mantinham em cativeiro para utilizar em períodos de escassez.

A cultura pré-histórica mais antiga de que se tem registro na Amazônia é a chamada Pedra Pintada, que viveu nas proximidades de Santarém, no município de Monte Alegre, há cerca de 11.200 anos. A região é riquíssima em arte pré-histórica, com pinturas rupestres que foram preservados em cavernas como a da Pedra Pintada, a Casa de Pedra e a Pedra do Pilão. Até hoje, mais de 300 sítios arqueológicos com arte rupestre já foram encontrados na Amazônia, abrigando tanto pinturas com símbolos geométricos, figuras humanas e figuras de animais. Essas inscrições fornecem informações sobre o modo de vida das populações que as produziram.

Na área litorânea viveu uma população conhecida como povo do sambaqui. Na ilha do Marajó, ocuparam as áreas próximas aos manguezais, há aproximadamente 5.500 anos, vivendo dos recursos do mar e da floresta, juntando restos (conchas, ossos, artefatos em pedra etc.) em grandes montes chamados de sambaquis, que podem ser encontrados até hoje na região.

Na mesma ilha, entre os anos 400 e 1500, floreceu a civilização Marajoara, uma referência ao nome Marajó, dividida em grupos sociais bem organizados. Viviam principalmente no entorno do lago Arari, no interior da ilha, e nas cabeceiras dos rios, onde caçavam, pescavam e plantavam em pequena quantidade. A maior parte do que se sabe sobre sua cultura veio dos incríveis objetos de cerâmica e das belas urnas funerárias – igaçabas – onde colocavam seus mortos junto com objetos pessoais e oferendas, que eram então depositadas nos cerâmios, montes de terra preta preparados para recebê-las. O primeiro colonizador a travar contato com os Marajoaras foi o espanhol Vicente Pinzón, em 1500. Não muito amistosa, sua visita deixou ressentimentos e levou índios e peças de cerâmica. Assim, quando os portugueses chegaram, foram recebidos de forma agressiva, como não poderia deixar de ser. No entanto, os Marajoaras conviveram com os lusos até a segunda metade do século XVII, quando a população se extinguiu.

Acima: caju; guaraná;
castanha-do-pará

À direita: biriba (pinha);
cacau no cacaueiro; cestas de
palha com açaí

A cultura conhecida como Aristé viveu no norte do estado do Amapá entre, aproximadamente, 1.400 e 250 anos atrás. Esses índios trabalhavam muito bem a cerâmica, decorando as peças com detalhamento, e incluindo pinturas de figuras humanas e animais tanto nas esculturas como nos desenhos. Os achados arqueológicos indicam que viviam em áreas abertas, e hoje, nas áreas onde estão os sítios arqueológicos deixados por este povo, vivem os índios Galibi, Karipuna e, principalmente, os Palikur.

Entre 1.500 e 1.000 anos atrás, viveu ao longo do Negro uma cultura denominada Guarita. Produziam uma cerâmica complexa, de dois tipos básicos: um mais delicado, pintado nas cores preta e vermelha, distribuído principalmente numa área central; outro mais bruto, ornamentado com figuras humanas e animais, encontrado por toda a região. Os vestígios da cultura Guarita estão em áreas de terra preta, o que indica que esta população já devia cultivar algum produto agrícola.

Rio acima, na região do alto rio Negro, há aproximadamente 1.000 anos, moraram diversos povos indígenas, que distinguiam-se por diferentes línguas mas se comunicavam trocando mercadorias e participando em conjunto de celebrações e festividades. Esta herança foi mantida, mesmo após a chegada dos colonizadores, e até hoje os índios da região apresentam costumes semelhantes.

Outra civilização de destaque na Amazônia foi a Santarém, do povo Tapajó, também especialista na arte da cerâmica. Vivia nas proximidades da foz do rio Tapajós, perto de Santarém, no Pará, e seu apogeu se deu entre os séculos X e XVI, indicando a região como um importante centro de poder na Amazônia. Por meio dos inúmeros objetos cerâmicos e figurinhas, pequenas esculturas representando desde formas humanas realistas até ornamentos com figuras animais, os arqueólogos tentam compreender um pouco dessa cultura. As figuras humanas com brincos, pulseiras e enfeites de penas poderiam identificar a posição social dos indivíduos, como ainda ocorre com alguns povos indígenas da Amazônia, cuja casta é reconhecida pela ornamentação. Outra categoria de objetos importantes provenientes da cultura Santarém é a das muiraquitãs, pequenas peças esculpidas em pedras semi-preciosas, representando principalmente sapos, que eram consideradas amuletos. Apesar dos portugueses terem se estabelecido em Santarém no século XVII, os Tapajós continuaram na região até o século XVIII, quando desapareceram.

Outra sociedade pré-histórica que viveu nas proximidades da foz do rio Amazonas, há aproximadamente 500 anos, deixou um incrível legado de peças de cerâmica, sendo que os objetos que mais chamam a atenção, mais uma vez, são as urnas funerárias com formas animais. Conhecidas como "urnas de Maracá", por terem sido encontradas próximas ao rio homônimo, eram guardadas em grutas e em áreas protegidas sob rochas. Não se sabe como este povo desapareceu, mas acredita-se que ocupou a região até aproximadamente 1750.

Urna Marajoara do
Museu Paraense
Emilio Goeldi

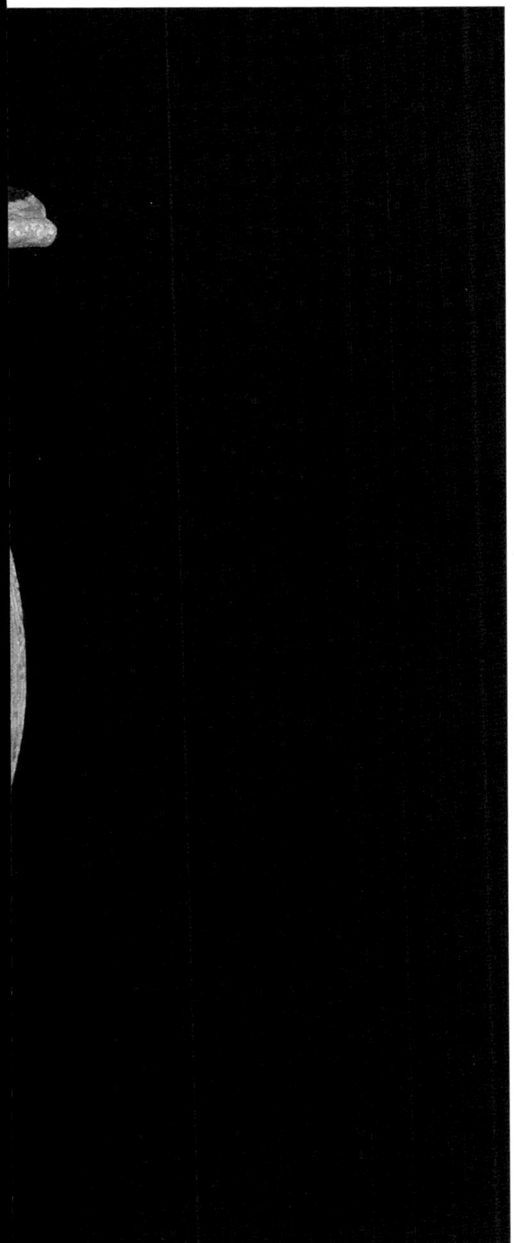

A migração dos mitos

Os europeus desembarcaram no território americano no século XVI, trazendo consigo os mitos em torno da imagem do Éden. Almirantes, marujos e grumetes procuraram por aqui o paraíso terrestre, anunciado pelos padres medievais como uma realidade escondida em algum recanto longínquo. Logo procurou-se pela cidade de El Dorado, coberta de pó de ouro, primeiro na Cordilheira dos Andes, depois no interior da floresta virgem, a partir do rio Negro. O mítico lago da juventude eterna estaria abrigado na região da nascente do rio Orenoco. O lago Parima foi mesmo registrado em mapas e passaram-se dois séculos até que sua realidade geográfica suplantasse o mito e desse lugar à serra Parima.

AS MULHERES SEM HOMENS

O navegador e escritor inglês Walter Raleigh organizou diversas expedições à América autorizado pela rainha Isabel da Inglaterra. Atribui-se a ele a introdução da batata e do fumo no continente. Raleigh narra a visita de Martinez a um local em que "não lhe era permitido sair da cidade nem ir a qualquer parte sem guarda e sem ter os olhos cobertos. Ao final de sete meses, Martinez começando a entender a língua do país, o rei deu-lhe a chance de escolher retornar à sua pátria ou passar a vida em Manoa ao lado dele. Martinez preferiu regressar e o rei o fez escoltar por sua gente até o rio do Orenoco, para o lado da Guiana e lhe deu uma quantidade de ouro. Ao atingir a embocadura do rio, os índios da fronteira e os orenocoponi lhe roubaram todas as riquezas, deixando-lhe apenas duas garrafas cheias de ouro porque pensaram que eram a bebida de Martinez. Ele seguiu numa canoa toda a extensão do Orenoco até sua embocadura e de lá até Trinidade, de onde ele foi em seguida a San Juan de Porto Rico... Martinez nomeou a cidade El Dorado devido à grande quantidade de ouro que ali viu. Seus ídolos eram de ouro maciço e até as suas armas".

Entre os grandes mitos da conquista, o que teve a migração mais vigorosa ao Novo Mundo foi o das Amazonas, as mulheres guerreiras sem homens. Irradiou-se por todo o continente e alcançou grande longevidade. De Iucatã às Antilhas, de Quito ao sul do Chile, do Paraguai à Amazônia, por todo lado ficaram os rastros de sua procura. No século XIX ainda havia quem tomasse por provável a existência de nações de mulheres guerreiras. Embora menos filiado aos motivos edênicos, por uma velha tradição foi constantemente vinculado ao mito do El Dorado.

Cantadas por Homero no século IX A.C., as Amazonas mudavam seu reino migrando conforme as buscas frustradas e empurravam-no para terras mais distantes, desde o Cáucaso até a África, desde as misteriosas ilhas oceânicas de Marco Polo às Antilhas visitadas por Cristóvão Colombo.

O mito fortificou-se na região amazônica por ganhar ali sua primeira aparência de verdade no relato de um pretenso encontro e combate com as famosas guerreiras, narrado pelos atores mesmo da aventura. O protagonista foi o explorador espanhol Francisco de Orellana, que deu com a boa terra e senhorio das Amazonas nas bordas do rio Marañon. "Elas vieram em número de dez ou doze combatendo diante dos índios como se fossem capitães, com uma tal coragem que os índios não ousavam fugir, e se algum tentasse, elas os matavam sob os nossos olhos a golpes de pau". Isso foi em 24 de junho de 1542, durante a expedição que marca a descoberta pelos europeus do rio que por algum tempo foi chamado rio de Orellana, apesar de o próprio explorador já querer denominá-lo rio das Amazonas. Acompanhado de um grupo de 57 homens, Orellana levou seis meses navegando rio acima até chegar à sua foz. O relato da viagem e do memo-rável encontro com a nação de mulheres sem homens foi feito pelo cronista da expedição, o padre dominicano Gaspar de Carvajal: "as Amazonas andavam nuas, com as vergonhas cobertas, arco e flechas à mão e lutando cada uma como dez homens". A vivacidade do relato alimentou longamente o espírito de aventureiros e muitas expedições saíram em busca de mulheres guerreiras vivendo próximas ou cercadas por muito ouro e fontes de águas rejuvenescedoras.

Em contrapartida, o francês André Thevet diz em seu *As singularidades da França Antártica*, de 1557: "elas não são Amazonas, mas pobres mulheres que, na ausência de seus maridos, tratam de conservar seus bens, vida e filhos".

Cerâmica guarita: olhar de coruja, do Museu Amazônico da Universidade de Manaus

A Manoa de Martinez, descrita por Raleigh, era próxima do reino das Amazonas: "essas mulheres... vestem vestidos longos de fina lã e portam coroas de ouro bem largas. Elas dão aos homens que vêm visitá-las a cada ano os meninos nascidos no intervalo, se elas já não os tivessem matado, e para lhes compensar das meninas que elas mantêm consigo para perpetuar a sua raça, elas oferecem aos genitores pedras verdes que só se encontram em seu reino".

Duzentos anos depois, em 1735, o astrônomo Charles Marie de La Condamine chega à Amazônia, como integrante de uma equipe organizada pela Academia de Ciências da França, para resolver um problema relativo à forma exata da Terra, iniciando a expedição no rio Marañon, em Porto Jaén, no Peru, e atingindo a ilha de Marajó três meses depois. Com a projeção onírica herdada de séculos de viagens de exploração, investiu seriamente na procura pelas guerreiras míticas ao descer o rio, expondo argumentos e procurando evidências de sua existência. Interroga por toda a parte os indígenas e de todos ouve a confirmação: "era isso que tinham ouvido seus pais contarem, que houve nesse continente uma república de mulheres que viviam sozinhas, sem ter homens entre elas". Persegue os testemunhos, mapeia o rastro deixado pelas retirantes, descreve as pedras-verdes-das-amazonas e, apesar de não as encontrar, não deixa de apostar no seu paradeiro.

Na mesma década, o missionário jesuíta João Daniel, em suas andanças pelas aldeias e fazendas às margens do rio, dá outro testemunho da persistência da crença. Segundo Daniel, as Amazonas já tiveram sua "povoação entre os rios Negro e Trombetas... porém vencidas dos espanhoes na peleja se retiraram fugindo por algum dos ditos rios, nem se deram por seguras senão no centro, ou cabeceiras: nem há mais notícia se existem".

O RIO AMAZONAS PORTUGUÊS

As palmeiras e os rios são elementos comuns na Amazônia, como no rio Tapajós ao nascer do sol

Entre as expedições de Orellana e de Condamine, no início do século XVII ocorreram outras tentativas de penetração na Amazônia. Durante esse intervalo, os padres jesuítas e dominicanos criaram múltiplas e precárias missões ao longo do rio Amazonas, o que possibilitou o recolhimento de preciosas notas etnográficas e lingüísticas, guardando registros que de algum modo dimensionam os povos habitantes da floresta na época da conquista. Os jesuítas usaram a mão-de-obra indígena para trabalhar nos ranchos e cultivos, instalando uma exportação regular de cravo, canela, cacau, baunilha, resinas aromáticas e plantas medicinais.

Também faziam sua doutrinação à religião cristã, ensinavam a língua portuguesa e organizavam as tribos em núcleos de caráter urbano. O processo de aculturação daí decorrente acabou se tornando um fator significativo do desaparecimento desses povos.

Durante o primeiro século da conquista, contudo, a voz portuguesa esteve silenciosa na Amazônia. Apenas 95 anos depois da descoberta de Orellana ouviu-se o português sobre o rio, numa expedição chefiada pelo capitão Pedro de Teixeira, motivada principalmente pelo crescente aparecimento na região de fortes e postos de comércio de

Memórias de Alexandre Rodrigues Ferreira sobre as tartarugas

Sobre os modos de captura: "São 15 as variedades de tartarugas que há no estado do Grão-Pará.... Cinco são os modos de as apanhar: por flecha, com redes, com anzol, com arpão, de viração". Na viração, os pescadores "ficam a observar, quando elas apontam nas praias e ... para não voltarem correndo para o rio, saltam-lhe em cima na hora que estão fazendo as covas na areia para nelas desovarem, e virando-as de peito para cima, para não poderem andar, fazem em pouco tempo e com pouco custo a pescaria de 50 a 100 tartarugas, de acordo com o número de pessoas que levam e as que saem nas praias. Há ocasião em que saem 200, 300 ou mais...".

Sobre a criação em currais e diminuição de estoques naturais: "Chama-se curral de tartarugas, um lago natural ou artificial cercado de varas para evitar a fuga delas... Existem três pesqueiros certos por conta da Fazenda Real, para sustento da tropa do rio Negro e para a mesa dos empregados da comissão" de demarcação de fronteiras. Desse modo, o Ato de 19 de setembro de 1769, proibindo a viração no Rio Branco, tornara-se letra morta - alimentando a preocupação de Ferreira: "Este anfíbio tão útil ao Estado ainda não mereceu cuidados ou providências que são requeridas para evitar os abusos que se praticam contra ele". Cuide-se de não tomar este comentário do naturalista pelo conservacionismo que se desenvolverá pelo menos um século mais tarde, baseado na compreensão dos efeitos da supressão de uma espécie no meio-ambiente. A sua análise do problema, de enfoque utilitário e econômico, não vislumbra conseqüências biológicas.

ingleses, irlandeses, holandeses e franceses que buscavam suas fatias de território neste Novo Mundo, burlando o que o Tratado de Tordesilhas havia procurado garantir apenas à Espanha e a Portugal.

Os corsários ingleses coletavam pau-brasil no Maranhão em 1578 e, apesar da proibição de barcos estrangeiros aportarem no Brasil, continuaram estabelecendo feitorias no delta do Amazonas. Em 1610, uma expedição inglesa foi dirigida especificamente para explorar os rios tributários do Amazonas e uma década depois nova expedição propiciou um assentamento inglês cinco quilômetros acima da foz onde, contando com a mão-de-obra indígena, derrubaram a floresta para a plantação de tabaco.

Diante dos interesses crescentes de outros países na exploração dos recursos naturais do Brasil, os portugueses passaram a investir na expansão e consolidação do controle territorial. Os franceses, após tentarem fundar sua "França Antártica", desviaram suas incursões para outras regiões, sendo a mais cobiçada a da bacia amazônica, onde restaria criar uma "França Equinocial". Tentaram estabelecer-se em São Luís, de onde foram finalmente expulsos pelos portugueses em 1615. No ano seguinte, Portugal estabeleceu, na foz leste do rio Amazonas, à juzante do rio Tocantins, o Forte Presépio, que deu origem à cidade de Belém, considerado o início da posse portuguesa da Amazônia.

Após a expulsão dos franceses, foi criado o estado do Maranhão, em 1620, que incluía o Alto Nordeste e toda a bacia amazônica; em 1669, foi a vez da fundação do Forte da Barra, futura Manaus, na embocadura do rio Negro. Faltava expandir o domínio português para o interior da floresta e o capitão Pedro de Teixeira tomou entusiasmado essa tarefa, com a incumbência de subir o rio Amazonas até Quito. A viagem foi precipitada pelo então governador de São Luís, sem o conhecimento da Coroa, devido à surpreendente chegada de um pequeno grupo de oito espanhóis que descera o Amazonas a partir do rio Napo. Era a terceira expedição espanhola no rio. Pedro de Teixeira deixou o Pará em outubro de 1637 com cerca de 45 pirogas, dezenas de soldados portugueses e 1.200 índios. Mais da metade fugiu ao longo do percurso, mas de qualquer forma, a primeira subida do Amazonas foi feita no tempo impressionante de oito meses, o que não é pouco se consideradas as dificuldades da viagem, principalmente a obtenção de alimento para tanta gente. Após travar contato com o primeiro povoamento espanhol, Teixeira ainda levou outros quatro meses para chegar a Quito.

Outra presença estrangeira inimiga constante era a dos exploradores holandeses, que promoviam um comércio ativo de madeiras e pescados, além do plantio de cana, algodão e tabaco. Pedro de Teixeira participou de muitos combates aos invasores, destruindo fortes holandeses e ingleses ao sul e ao norte do Amazonas.

Apesar de a linha do Tratado de Tordesilhas deixar à Espanha a maior parte do território do leito do rio Amazonas, não havia espanhóis na área da bacia amazônica e como, entre 1580 e 1640, o rei de Espanha era também o rei de Portugal, o vice-rei do Peru acolheu o português com gentilezas protocolares, fornecendo-lhe o que fosse necessário para o regresso ao Pará. A assistência incluiu a companhia do padre jesuíta Christoval de Acuña, cujo relato minucioso da viagem e da extensão do domínio português foi uma das matrizes da disseminação da idéia paradisíaca associada às novas terras: "o clima deste rio, e todas as províncias circunvizinhas, é temperado: de sorte que não há calor que canse, nem frio que fatigue, nem variedade que moleste". Não faltam os indicativos dos tesouros disponíveis e de sua abundância suficiente para todos: "o fênix dos rios... convida com liberalidade toda sorte de gente a aproveitar-se dele: ao pobre, ele oferece subsistência, ao trabalhador, de o que ocupar-se à saciedade, ao mercador, o negócio, ao soldado, o caminho da glória, ao rico, um reino de fortuna, ao poderoso, os estados e, ao próprio Rei, um novo império". No ano seguinte do retorno da expedição ao Pará, Portugal se separa da Espanha e consegue estender a linha de Tordesilhas a oeste o bastante para garantir-lhe o domínio de metade do continente.

Outra expedição portuguesa na Amazônia, no século XVIII, com objetivos científicos, foi a Viagem Filosófica pelas Capitanias do Grão-Pará, rio Negro, Mato Grosso e Cuiabá, liderada por Alexandre Rodrigues Ferreira, entre 1783 e 1792. A Europa estava então fascinada pelas investigações sobre a natureza e os seres vivos e os naturalistas se dispersavam por todos os continentes para observar, descrever e catalogar espécies animais e vegetais, recolhidas aos crescentes acervos dos museus de História Natural.

Nascido em Salvador, o aluno da Universidade de Coimbra, Alexandre Rodrigues Ferreira, chefiou uma grande expedição ao Brasil, destinada a explorar os recursos naturais que pudessem servir aos interesses mercantis da Coroa. Durante nove anos ele percorreu 39 mil quilômetros de hiléia e sertão com um grande número de tarefas a cumprir, além de ter de cuidar da alimentação e saúde dos soldados, guias e índios remadores incorporados à expedição, que em determinado momento chegou a reunir quinhentas pessoas. Contando com dois "artistas riscadores" e um jardineiro-botânico, a expedição enfrentou todo tipo de dificuldade e recolheu a mais preciosa coleção de imagens constituída no século XVIII sobre os homens e sobre os animais da Amazônia.

Joaquim José Codina e José Joaquim Ferreira pintaram com precisão fotográfica os habitantes encontrados ao longo do percurso pelos rios Negro, Branco, Madeira, Guaporé e Mamoré, retratando os índios com suas armas, ornamentos do corpo e vestimentas, equipamentos de caça e pesca e ainda os utensílios, as habitações e as embarcações. A riqueza de detalhes possibilitou a identificação das numerosas espécies animais representadas nas pranchas dos dois artistas.

Expedições estrangeiras

A transferência da família real portuguesa ao Brasil em 1808 abriu o caminho para levas de naturalistas, de diversas nacionalidades, alimentarem a curiosidade que a deslumbrante natureza tropical animava nos europeus. Segundo o naturalista e etnógrafo Alcide d'Orbigny, os sábios do século XIX são homens "dedicados e laboriosos que não navegam sobre o Amazonas para devastar suas margens mas para observá-las". Ele mesmo constituiu uma coleção científica de cem mil espécies enviadas a Paris. Não se pode negligenciar, contudo, que em meados do século XIX descobriu-se que a Amazônia possuía as maiores reservas mundiais de seringueiras, o que tornou muito vantajoso aos governos financiar expedições científicas à região.

Entre as muitas expedições aos tesouros ainda pouco conhecidos da Amazônia, lembre-se de Alexander von Humboldt e Aimé Bompland, ocupados, entre 1799 e 1804, em resolver o problema já deixado por Condamine acerca da comunicação entre as bacias do Amazonas e do Orenoco. Subindo o Orenoco, em grandes pirogas cobertas por teto de palmas, ambos descrevem com precisão a posição do curso do canal Casiquiare, ao navegarem-no desde seu desagüe no rio Negro até sua origem no rio Orenoco.

Em 1846, é a vez de William Edwards subir o Amazonas, deixando um registro que inspirará ao menos dois naturalistas famosos, Wallace e Bates, a seguirem seus passos nas terras tropicais. Henry Bates coletou e descreveu milhares de espécies nos 11 anos que passou na Amazônia; partindo com Bates da foz do Amazonas até Manaus, o naturalista Alfred Russel Wallace, seguiu sozinho a exploração do rio Negro, onde passou quatro anos e fez um grande trabalho em botânica. Embora os ingleses e americanos fossem os mais interessados na exploração industrial da seringueira (Hevea brasiliensis)*, a lista de expedições científicas no período é longa também entre outras nacionalidades. Destacam-se Spix e Martius, Avé-Lallemand, Chandless, Agassiz, Gardner, Paul Marcoy, Gates, Eduard Pöppig, Richard Schomburgk, Richard Spruce, Charles Waterton. Com eles aumentaram os conhecimentos sobre o rio Amazonas e seus afluentes, sua fauna e sua flora, seus povos nativos.*

Seringueiro extraindo o látex na Amazônia

BORRACHA

"Com a descoberta do processo de vulcanização (da borracha) por Thomas Hangcock, na Inglaterra, e Charles Goodyear, nos EUA, em 1844, novos horizontes se abriram para o mercado da borracha. Em 1888, o irlandês John Boyd Dunlop inventou o pneumático...". (Ministra Marina Silva)

A povoação e exploração da Amazônia passou a causar-lhe maior impacto a partir de meados do século XIX. Dos seus cinco milhões de quilômetros quadrados – dos quais 87% mantem hoje a cobertura florestal – quinhentos e cinqüenta mil foram destruídos ao longo do século XX. Uma das atividades propulsoras dessa colonização exponencial foi a extração da borracha.

O extremo oeste da Amazônia, divisa com Peru e Bolívia, foi um dos últimos locais a ser colonizado por europeus. Por muito tempo, ficou isolado do restante do Brasil, com vários povos indígenas – dos troncos lingüísticos pano e aruak, mais alguns grupos isolados ou "brabos" – vivendo nas matas. Viviam da caça, da pesca, da agricultura de subsistência e do extrativismo vegetal. Em meados do século XIX, contudo, a região passou a ser alvo da procura de produtos da floresta, como erva-doce, óleo de copaíba, cacau, canela, gordura de tartaruga, peixes, drogas e, principalmente, látex. Os índios, que já faziam a extração do látex e o vendiam em Manaus e Belém, foram surpreendidos com a chegada de um grande contingente de trabalhadores atraídos pelo mercado da borracha, que se expandira com a descoberta do processo de vulcanização, com o seu emprego na fabricação de pneus para a emergente indústria automobilística e como material isolante na utilização crescente da eletricidade. Com o monopólio, Manaus se tornaria a capital mundial da borracha. Em torno de 1877, a seca nordestina levou milhares de trabalhadores rurais, principalmente do Ceará, a buscarem uma vida melhor nos seringais da Amazônia. Também houve migração de habitantes de outros estados do Centro-Oeste e do Sul do Brasil e até de estrangeiros – europeus, sírio-libaneses e americanos. Como as fronteiras entre os três países não estavam ainda demarcadas, os peruanos também invadiam a mata em busca da borracha e os bolivianos buscavam o domínio político do território. Seringueiros brasileiros penetraram em terras garantidas à Bolívia pelo tratado de Ayacucho (1867), dando origem à chamada Questão do Acre. Para apaziguar os interesses bolivianos na região, o Brasil assinou o Tratado de Petrópolis (1903), comprando o Acre por muitos milhões de réis, além de se comprometer a construir a Estrada de Ferro Madeira-Mamoré. Um antigo seringal passou à categoria de vila, vindo a chamar-se Rio Branco em 1931.

Nessa mesma época, a concorrência da borracha proveniente da Malásia no mercado mundial fez cair à metade o seu preço, levando o estado do Amazonas a uma profunda depressão. Pouco mais tarde, o aparecimento da borracha sintética elevou ainda mais a crise. O governo brasileiro procurou estimular a produção dos seringais nativos com linhas de créditos e administração do preço do látex, mas a crise econômica do país em 1985 levou à interrupção dos incentivos governamentais aos seringalistas – donos dos seringais, das ferramentas e gerenciadores do comércio dos gêneros de subsistência dos seringueiros. Seu interesse voltou-se à extração da madeira. Por sua vez, os seringueiros se uniram na luta por seus direitos, constituindo o Conselho Nacional dos Seringueiros, que elaborou o projeto de criação das reservas extrativistas no Brasil, em 1990. As primeiras reservas extravistas foram a do Alto Juruá e a Chico Mendes, ambas no Acre.

Toras de madeira
descendo o rio Xingu

ADENSAMENTO POPULACIONAL

O governo militar, das décadas de 1960 e 1970, criou o Programa de Integração Nacional dando início a uma política de adensamento populacional para o desenvolvimento econômico da Amazônia. Antes promovido às margens dos rios, o aumento da população passou a ser almejado no entorno de eixos rodoviários.

Entre 1958 e 1960 foi implantada a Belém-Brasília; na década seguinte iniciou-se a Transamazônica, que cortaria a floresta e ligaria Brasília ao Acre; o Brasil Central ainda se ligaria ao médio Amazonas pela rodovia Cuiabá-Santarém. A estrada de ferro Madeira-Mamoré deveria escoar a produção da borracha boliviana para o rio Amazonas e dele para o mar. Neste período também foi construída a

A visão impressionante da extração de ouro em Serra Pelada

BR-364, para ligar Porto Velho (RO) a Cuiabá (MT), permitindo acesso mais fácil à região. Algumas dessas estradas ainda funcionam ligando a região Norte ao restante do país, mas a Transamazônica e a Madeira-Mamoré foram "derrotadas e engolidas" pela selva.

Os militares acreditavam que desocupada, uma vez que os índios e as populações ribeirinhas não eram computados, a Amazônia seria alvo fácil dos interesses estrangeiros. Apesar disso, o maior de todos os projetos para a exploração da Amazônia nesse momento foi do bilionário norte-americano Daniel Ludwig: o chamado Projeto Jari consistiu no desmatamento da floresta para plantio de espécies que fornecessem madeira para uma gigantesca fábrica de celulose, além de plantio de arroz, dendê e banana. Também se pretendia a exploração do caulim e a criação de gado. O empreendimento não foi bem sucedido, em grande parte devido ao fato de a espécie arbórea escolhida para o reflorestamento, a gmelina, não ter-se adaptado à região.

A descoberta de jazidas de cassiterita em meados do século XX em Rondônia também causou forte migração para a região, quando as cidades que viviam da exploração da borracha, já decadente, como Porto Velho e Ariquemes, tiveram novo impulso de crescimento. Logo as grandes mineradoras assumiram o controle das minas, limitando as possibilidades de trabalho dos pequenos garimpeiros. Nas décadas de 1960 e 1970, o estado passou a ser procurado para desenvolvimento agrícola e muitas famílias, desta vez vindas do Sul do país, foram assentadas na região pelo Incra (Instituto Nacional de Colonização e Reforma Agrária).

Numa fase posterior, a preocupação conservacionista tomou forças e foram instituídas várias unidades de conservação, Parques e Reservas, além de terras indígenas.

Nas últimas quatro décadas do século XX, a ambição do governo de integrar a Amazônia ao restante do Brasil continuou sendo alimentada pela política de adensamento populacional, a ser obtido com a construção de estradas, colonização agropecuária, exploração madeireira e garimpo. Para isso, seria promovida a infra-estrutura de hidrelétricas (Tucuruí) e a mineração (Carajás). Funcionou. A população humana na região cresceu de quatro para dez milhões entre 1970 e 1991, mas a distribuição da riqueza foi pequena. Em 1991, quase 60% da população amazônica possuía renda insuficiente e a taxa de analfabetismo era de 24%.

A porcentagem de perda de mata nativa, que entre 1500 e 1975 era de apenas 1%, cresceu e os impactos do desmatamento intenso ainda são pouco compreendidos. Hoje, resta aos brasileiros a tarefa de promover o desenvolvimento sustentável da Amazônia, incentivando projetos como o de criação de reservas extrativistas, o de incentivo ao ecoturismo de base comunitária e os de aproveitamento dos recursos florestais de forma racional, como a produção de óleos, essências, móveis feitos a partir de árvores mortas, artesanato e couro vegetal, entre outros.

CAPÍTULO III

CONSERVANDO E DESCOBRINDO A FLORESTA AMAZÔNICA

A Reserva de Desenvolvimento Mamirauá é um dos expoentes do ambiente de várzea amazônico, com elevada biodiversidade

Página anterior: diferente do que muitos costumam pensar, a Amazônia não é somente uma extensa planície. Possui várias cadeias montanhosas - inclusive o pico mais alto do país - e cachoeiras como a da Luz, no Pará

A gigantesca Floresta Amazônica pulsa intensamente com sua alta biodiversidade, suas matas que passam a metade do ano sob as águas em seus seis milhões de quilômetros quadrados, espalhados pela maior bacia hidrográfica do mundo. Além do Brasil, onde está cerca de 60% de sua área, estende-se também para a Venezuela, Colômbia, Bolívia, Guiana, Peru, Guiana Francesa, Suriname e Equador. A definição de seus limites é, normalmente, tida como as áreas de ocorrência das espécies de seringueira. Para se locomover neste mar de mata, os meios de transporte mais comuns são as embarcações. Para distâncias maiores, utiliza-se também o transporte aéreo. No entanto, diferente do que se acreditava, a Amazônia não é o pulmão do mundo. A floresta madura produz muito oxigênio, realmente, mas que é consumido por ela própria, por sua fauna e flora. E nem por isto deixa de ser importante para o restante do planeta: é grande responsável pelo equilíbrio climático do globo – principalmente da América do Sul, por motivos óbvios – e regula a quantidade de gás carbônico presente na atmosfera.

Atualmente, uma das maiores preocupações com a Floresta Amazônica, e com todas as florestas tropicais da Terra, é sua conservação. Esses ambientes tão ricos em vida, tão especiais e imponentes, estão ameaçados por inúmeras causas, mas principalmente pelo desmatamento e exploração irracional de seus recursos naturais. Ao retirar-se a floresta, seja por meio da derrubada das árvores, das queimadas e até de sua redução a fragmentos, lança-se na atmosfera grande quantidade de gás carbônico, além de provocar a redução da umidade e da quantidade de chuvas.

Mais recentemente, outro motivo que tem atraído os olhares mundiais para a Floresta Amazônica é o seu potencial químico e genético: quais seriam as espécies encerradas nestas matas com potencial para uso humano? Que substâncias químicas conteriam e como poderiam ser aproveitadas pelo homem? Acredita-se que aí possam estar importantes fontes de alimentos, drogas para a cura de doenças e muitos outros benefícios de que nem sequer temos conhecimento. Mais uma razão para a sua conservação.

Algumas medidas vêm sendo tomadas para melhorar o quadro conservacionista da grande mata. Uma delas, talvez a mais óbvia, demorou para ganhar atenção: há séculos os povos da floresta exploram seus recursos, dão utilidades para suas plantas e seus animais, aproveitando muito do que sua diversidade tem a oferecer. Por que não, então, aprender com estas populações, somar o conhecimento tradicional ao saber científico, os dos governos federal e estaduais aos das organizações não governamentais que vêm trabalhando por sua conservação? Alguns esforços neste sentido têm sido feitos.

O conceito de desenvolvimento sustentável é bem adequado a esta nova visão conservacionista. Refere-se à capacidade de administrar os recursos naturais da Terra de maneira a que todos, tanto as gerações atuais como as futuras, possam vir a deles usufruir. Implica o planejamento para sua utilização racional, sem degradar ou esgotar os recursos, organizando a sociedade de forma a garantir a distribuição justa das riquezas e o bem-estar de todos.

As unidades de conservação (UCs), por exemplo, são importantes aliadas na preservação dos recursos naturais e culturais. São áreas instituídas por lei, voltadas para a proteção e conservação dos ecossistemas naturais, e também de atributos históricos ou culturais importantes. Além de sua importância para a preservação da vida selvagem, mantêm recursos genéticos e farmacológicos, preservam várias de nossas fontes de água doce, além de proporcionar recreação e lazer à população. Entre seus objetivos estão contribuir para a manutenção da biodiversidade; proteger espécies ameaçadas de extinção; recuperar ou restaurar ecossistemas degradados; proporcionar e incentivar a pesquisa científica, a educação ambiental, a recreação e o turismo ecológico; proteger os recursos naturais necessários à subsistência de populações tradicionais, respeitando e valorizando seu conhecimento e sua cultura. No total, cerca de 6% do Brasil está protegido por UCs.

Somente a criação de tais UCs, no entanto, não assegura a conservação da floresta. É importante que haja também fiscalização, programas de educação ambiental – tanto para as comunidades locais como para os visitantes –, pesquisa científica e trabalhos com as populações da área. Hoje, após a criação do Parque Nacional das Montanhas do Tucumaque em 2002, existem duas áreas principais protegidas por UCs na Amazônia: uma é a do próprio Parque, a maior área contínua de floresta tropical protegida do planeta (3.867.000 quilômetros quadrados); a outra fica na região do rio Negro e abrange várias UCs – o Parque Nacional do Jaú, a Estação Ecológica de Anavilhanas e as Reservas de Desenvolvimento Sustentável (RDS) Mamirauá e Amanã (cerca de 60 mil quilômetros quadrados).

Existem dois tipos principais de áreas naturais preservadas no Brasil: as de proteção integral e as de uso sustentável. As primeiras são as mais restritivas, não permitem a interferência humana direta, a exploração de seus recursos, nem a presença de comunidades tradicionais. São voltadas para a pesquisa, a educação, o turismo e a recreação e incluem parques, reservas biológicas e estações ecológicas, entre outras. As segundas permitem a ocupação humana e a utilização sustentável de seus recursos. Incluem, entre outras, florestas nacionais, reservas extrativistas, reservas de desenvolvimento sustentável, reservas particulares do patrimônio natural (RPPNs) e áreas de proteção ambiental (APAs).

Na Reserva de Desenvolvimento Sustentável Mamirauá, a vida da população local é regica pelo regime das águas e pelos rios

Castanheiros carregam mulas com castanha-do-pará, no Acre, após sua coleta e retirada do ouriço

RESERVAS EXTRATIVISTAS

Recentemente, as comunidades extrativistas começaram a implantar o selo verde, que corresponde a um reconhecimento por parte do Conselho de Manejo Florestal (a sigla FSC em inglês significa Forest Stewardship Council) de que a madeira é produzida de forma ambientalmente correta. Para ganhar o selo verde existem normas importantes, tais como derrubar árvores somente a partir de determinado tamanho, não derrubar a mata no entorno, organizar o transporte de toras pelo meio da floresta, promover e permitir o crescimento das plantas jovens. Isto quer dizer que deve-se explorar a floresta de maneira sustentável, pensando nas madeiras de valor comercial. O primeiro projeto comunitário a ter sua madeira certificada foi o do Seringal Cachoeira, no Acre. Nele, a população vive principalmente da extração de produtos como a castanha-do-pará e a venda da madeira veio a contribuir com sua renda.

Esta categoria de UC, criada em 1990 a partir da demanda de comunidades amazônicas, é voltada para uma nova perspectiva de ocupação da floresta, que inclui o homem ao invés de excluí-lo das áreas naturais, como no caso dos parques e reservas. São destinadas à exploração auto-sustentável e à conservação dos recursos naturais por populações tradicionais. Correspondem a uma conquista dos povos da floresta, já que tiveram origem em seu pedido para que o governo não mais implantasse projetos de ocupação da região, posto que implicavam no desmatamento. O desenvolvimento sustentável é aplicado na prática, permitindo um equilíbrio entre os interesses conservacionistas sociais, voltados para a melhoria da qualidade de vida de suas populações. As reservas extravistas da Amazônia têm como objetivos permitir que as famílias continuem vivendo de suas atividades econômicas tradicionais, capacitar e organizar os moradores para administrar a área e implantar alternativas econômicas, como a exploração de produtos florestais. Entre os produtos explorados nestas reservas estão a borracha, a castanha-do-pará e o óleo de copaíba.

Normalmente escondidas pela névoa, as montanhas do Parque Nacional do Pico da Neblina exibem toda sua majestade

RESERVAS DE DESENVOLVIMENTO SUSTENTÁVEL

Esta outra categoria surgiu da necessidade de adaptar a presença de uma UC à realidade das populações locais, pois existiam áreas riquíssimas em recursos naturais que deveriam ser preservados, apesar de serem, de maneira sustentável, o meio de subsistência de suas comunidades. A solução foi criar um novo modelo de UC: a reserva de desenvolvimento sustentável. Seus objetivos básicos são a conservação da natureza e a melhoria dos modos e da qualidade de vida das populações tradicionais, valorizando e aperfeiçoando seu conhecimento e suas técnicas de manejo ambiental. As primeiras criadas no Brasil foram as reservas de Mamirauá (1996) e de Amanã (1999), ambas no estado do Amazonas.

PARQUES NACIONAIS

Hoje, já são mais de dez os parques nacionais da Amazônia brasileira, que em muitos casos fazem fronteiras com unidades de conservação em países vizinhos, aumentando ainda mais a área preservada. Recentemente, iniciou-se a administração conjunta dos parques nacionais pelo Ibama (Instituto Brasileiro do Meio Ambiente e dos Recursos Naturais Renováveis), órgão do governo federal responsável pela administração das unidades de conservação, e ONGs. Muitas vezes sem condições de administrar estas áreas naturais preservadas, o Ibama acabou aceitando parcerias em diversos

Os rios de águas escuras, por serem mais pobres em nutrientes, têm menor número de espécies em suas águas e, conseqüentemente, menos gente em suas margens, sendo áreas, no geral, mais conservadas que as várzeas

pontos do país. Assim, ONGs que já trabalhavam nas diversas regiões assumiram seu papel e trabalham em conjunto para o manejo e a conservação de parques e reservas. Algumas das unidades onde este sistema está em andamento são o Parque do Jaú, parceria com a Fundação Vitória Amazônica, e o da Serra do Divisor, com a SOS Amazônia.

O gigantesco e recentemente criado Parque Nacional das Montanhas do Tucumaque veio para assegurar o interesse brasileiro pela conservação da Floresta Amazônica. Resta resolver como lidar com

as várias populações indígenas que residem em sua área, problema que, aliás, ocorre com vários outros parques, como o do Pico da Neblina, o do Cabo Orange e do Monte Roraima.

O Parque Nacional do Jaú é o segundo maior da Amazônia e fica na região de águas escuras do rio Jaú. Em sua área, as matas de terra firme são cortadas por grandes rios, que também formam florestas de igapó, onde as árvores passam metade do ano submersas, e ocorrem espécies ameaçadas de extinção, como o macaco-bicó e o peixe-boi. Em seguida, vem o terceiro maior parque – o do Pico da Neblina –, que abriga o ponto culminante do Brasil, com 3.014 metros, e também a segunda maior altitude brasileira, o pico 31 de Março, com 2.992 metros. Vizinho a ele está o Parque Nacional Serrania la Neblina, na Venezuela, com o qual forma uma das maiores áreas protegidas de Floresta Amazônica. O território Yanomami sobrepõe-se, em parte, a estes parques.

À esquerda: o gato maracajá vive em ambientes com pouca ou nenhuma alteração humana e pode ser visto no solo ou nas árvores; o saí-beija-flor destaca-se pelo azul intenso e pelas pernas amarelas; o sagüi-branco vive em grupos com atividade diurna na Amazônia

Acima: o sagüi-imperador tem preferência alimentar por gafanhotos e grilos; espécie única, habitante de áreas alagadas, este grupo de ciganas descansa, entre uma gritaria e outra

O Parque Nacional da Amazônia, o quarto em tamanho no país, fica às margens do rio Tapajós e é cortado pela rodovia Transamazônica, o que lhe acarreta vários problemas, como facilidade de acesso para madeireiros e caçadores. Bem perto está a Floresta Nacional Tapajós, cuja principal atividade é a pesquisa científica, principalmente a da castanheira. Já o Parque Nacional da Serra do Divisor, no Acre, fica na divisa com o Peru, sendo cortado pelos rios Môa e Juruá. Conta com alguma influência andina, o que é percebido pelos rios de águas cristalinas, diferentes do restante da Amazônia. A alguns dias de barco do parque fica a reserva extrativista do Alto Juruá, indicada como o local de maior biodiversidade da Amazônia. Sua principal atividade econômica é a extração do látex e a produção de artesanato em borracha.

Na divisa com a Guiana, no extremo norte do Amapá, fica o Parque Nacional do Cabo Orange, coberto por uma faixa de dez quilômetros de belos manguezais, incluindo também vegetação florestal e de cerrado. Na fronteira com a Venezuela e a Guiana está o Parque Nacional do Monte Roraima, que faz parte do maciço das Guianas. Em suas partes mais altas existem várias espécies endêmicas – cerca de 50% das espécies vegetais. Do lado venezuelano da fronteira está o Parque Nacional Canaima, outra gigantesca unidade de conservação. Em Rondônia estão os parques nacionais da Serra da Cutia e dos Pacaás Novos, onde nascem rios que vão formar as principais bacias hidrográficas do estado, como o Madeira, o Guaporé e o Mamoré. Os parques nacionais da Serra da Mocidade e do Viruá, em Roraima, foram criados na mesma época (1998) e estão incluídos em um complexo de áreas protegidas do estado que abrange também as estações ecológicas de Caracaraí e Niquiá. Além de Floresta Amazônica, protegem também manchas de cerrado, conhecido localmente como "lavrado".

CAPÍTULO IV

HABITANTES E COLONIZADORES DA MATA ATLÂNTICA

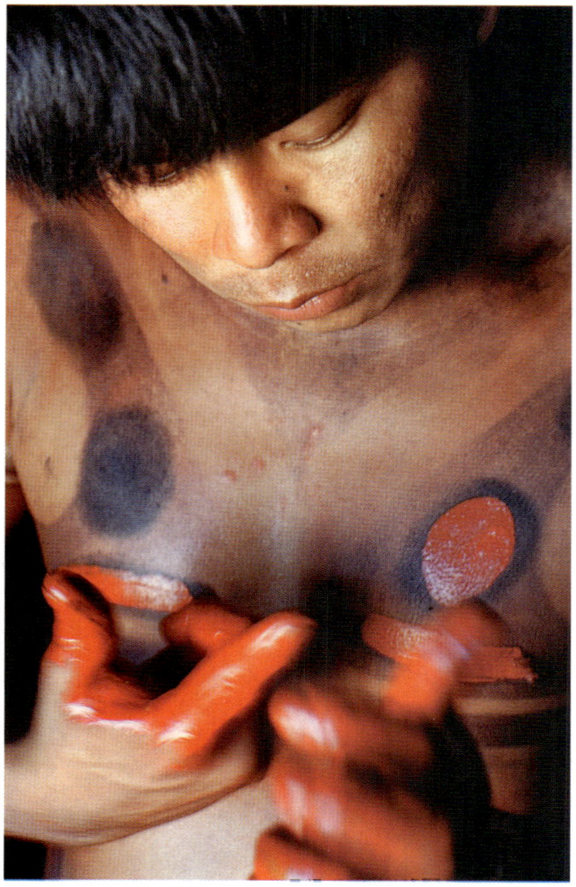

Acima, pintura corporal indígena

Página anterior: a explêndida Serra do Mar segura vento e umidade provenientes do Oceano Atlântico, formando a névoa tão comum nesse ecossistema

É comum contar a história do Brasil a partir da chegada dos colonizadores. Sobre este período existem inúmeras informações escritas, é assim que os livros relatam e foi assim que acabamos nos acostumando a considerá-la. No entanto, milênios antes do primeiro europeu dobrar a curva rumo ao território hoje conhecido como Brasil, estas terras já eram habitadas por vários povos que viviam espalhados, utilizando os recursos oferecidos pela natureza. O que sabemos sobre a pré-história conta com várias interrogações, pois depende dos vestígios deixados por populações que viveram há milhares de anos. Na área coberta pela Mata Atlântica, os habitantes mais antigos de que se tem registro são conhecidos como sambaquieiros.

Há cerca de nove mil anos, a região do vale do rio Ribeira de Iguape (SP) era habitada por populações que viviam da pesca e da coleta. Deixaram sinais de sua passagem na forma de montes de conchas na beira dos rios. Chamados de sambaquis (monte de conchas, em tupi) pelos índios que os sucederam, o nome resiste até hoje. Distantes do litoral e localizados às margens de cursos d'água, são conhecidos como sambaquis fluviais. Homens e mulheres viviam dos recursos disponíveis à sua volta e acredita-se que se mudavam a cada vez que os recursos alimentares começavam a rarear, transferindo-se para uma área próxima, mas podendo voltar anos depois ao mesmo local, caso as espécies preferidas para sua alimentação estivessem restabelecidas. Junto com os montes de conchas, foram encontrados também sepultamentos e peças que chamam a atenção, como contas de colar feito de dentes de tubarão e restos de outros animais marinhos, o que significa que incursionavam até o litoral ou mantinham contato com os povos que lá habitavam.

Chega-se então aos sambaquis litorâneos. Conhecidos pelas populações atuais como concheiros, justamente por serem constituídos principalmente de conchas acumuladas, chegavam a ter enormes dimensões: 500 metros de largura por 40 de altura. Os sambaquieiros habitaram quase todo o litoral brasileiro entre sete e mil anos atrás. Sua dieta era composta sobretudo por mariscos e ostras, cujas conchas eram os principais constituintes dos concheiros. Mas, também foram encontrados ossos de outros animais como peixes, lagartos e mamíferos; restos de fogueiras e de cabanas; sepultamentos e artefatos de pedra, como pontas de flechas e "esculturas de sambaquis", comuns nas regiões Sul e Sudeste.

Há uma grande dúvida sobre quais teriam sido os primeiros sambaquis. Os fluviais, encontrados no vale do Ribeira, são cerca de dois mil anos mais antigos que os de beira-mar, mas possuem elementos marinhos, como dentes de tubarão, etc. Não se sabe quem originou quem ou se faziam parte de

um mesmo grupo. Sambaquis litorâneos mais antigos, se houver, podem não ter sido encontrados simplesmente por estarem sob as águas, uma vez que o nível do mar neste período era alguns metros mais baixo do que hoje.
Há aproximadamente mil anos, época em que os sambaquis se tornaram raros, os Tupi-Guaranis, que habitavam uma área mais interiorana, chegaram ao litoral. Alguns estudiosos dizem que eles teriam sido os responsáveis pelo desaparecimento dos sambaquieiros, mudando seus hábitos ou deslocando suas populações para outras áreas, onde teriam perdido suas características iniciais.

Mais para o sul, principalmente no estado de Santa Catarina, outras populações litorâneas deixaram a marca de sua presença na forma de petroglifos, inscrições rupestres escavadas na rocha, principalmente com motivos geométricos. Sabe-se pouco a respeito dessas populações, que viveram na região há cerca de cinco ou seis mil anos. Além da arte rupestre, foram encontradas também oficinas líticas, nas quais eram elaborados objetos de pedra, pontas de flecha e utensílios.

Além dos sambaquis e das inscrições rupestres, existem vários outros tipos de sítios arqueológicos encontrados na Mata Atlântica. Porém, muitas populações não deixaram vestígios de sua passagem. Como as habitações no período pré-histórico eram abrigos sob rocha ou casas feitas de barro, palha e madeira, acabaram se deteriorando sem deixar resquícios de sua existência. É interessante observar que muitos dos sítios arqueológicos encontrados na Mata Atlântica são locais em que, coincidentemente, estão assentadas comunidades atuais.

O conhecimento sobre os grupos indígenas que sucederam as comunidades pré-históricas e foram encontrados ao longo da costa quando os portugueses chegaram baseia-se nos relatos dos colonizadores, já que os índios não possuíam linguagem escrita. Assim como os sítios arqueológicos, os vestígios dos povos que habitavam o Brasil entre 1000 e 500 anos atrás se perderam, sendo destruídos pelo clima quente e úmido, que não ajuda na preservação de restos. Neste período, existiam dois grandes grupos de povos indígenas ao longo da costa brasileira. No trecho entre o Ceará e o litoral sul do estado de São Paulo (Iguape) estavam os Tupis e mais ao sul, desde Cananéia (SP) até a lagoa dos Patos (RS), estavam os Guarani. Esses povos se subdividiam ainda em várias nações de hábitos distintos, espalhadas pelo país: Carijós e Tupiniquins na região Sul; Tupinambás (ou Tamoios), Temominos e outros Tupiniquins na região Sudeste; Kaetés, Tupinambás, Potiguares e mais Tupiniquins na região Nordeste.

No entanto, índios de outras etnias também habitavam alguns locais na Mata Atlântica e eram conhecidos como não-Tupis, ou Tapuias. Entre estes estavam os Tremembés, que viviam entre o Maranhão e o Ceará; os bravos Aimorés, que ocupavam o trecho entre o sul da Bahia e o norte do Espírito Santo; os Goitacás, que habitavam a foz do rio Paraíba; os Charruas na foz do rio Prata na região Sul.

Conhecer a história da Mata Atlântica é, em certa medida, conhecer os ciclos econômicos brasileiros vinculados à exploração de recursos naturais. Desde o período colonial, a atividade econômica do Brasil concentrou-se na faixa costeira, resultando em um processo de larga escala de desmatamento. Inicialmente, a floresta foi explorada para obtenção de madeiras no ciclo do pau-brasil. No Nordeste, a retirada das matas prosseguiu com a implantação dos engenhos de açúcar, que consumia enormes quantidades de lenha em suas fornalhas. Mais tarde, no Sudeste, houve grandes derrubadas para a expansão da pecuária, da atividade mineradora e dos cafezais. Por último, o desmatamento acelerou-se com o desenvolvimento da área urbana e industrial.

Os cenários da floresta descritos nos relatos dos viajantes que andaram pela Mata Atlântica a partir de 1500 são, por vezes, permeados de exageros e até mentiras, além de denunciarem preconceitos decorrentes da visão etnocêntrica do cronista, especialmente sobre os "selvagens" encontrados no Novo Mundo. Colocados em contexto próprio, contudo, são valiosas fontes para o conhecimento da história do Brasil, incluindo os povos indígenas e as riquezas naturais.

Uma das características da Mata Atlântica é a abundância de espécies de plantas subindo e se apoiando nos troncos das árvores. Na foto vemos bromélias e cipós, além de líquenes e algas

O grande impacto

Os relatos da época do descobrimento que evocam a natureza luxuriante de nosso país foram feitos a partir da visão e do contato com a Mata Atlântica, que se estendia então pela costa brasileira do Rio Grande do Norte ao Rio Grande do Sul, ocupando também extensões variadas continente adentro e totalizando cerca de 1,1 milhão de quilômetros quadrados. O que mais surpreendia era o assombroso tamanho das árvores e também a sua variedade, diferentes das existentes nas florestas européias. Eram tantas plantas e frutas, tão saborosas e novas; as aves, de várias formas e cores, eram inebriantes; havia animais de todo tipo, alguns muito diferentes e curiosos.

Hoje, sabe-se que a Mata Atlântica detém os dois recordes mundiais de diversidade por área de árvores, superando a Amazônia e as demais florestas tropicais do planeta. As formas endêmicas são muitas e ocorrem em todas as categorias: calcula-se que das aproximadamente 20.000 espécies de plantas vasculares, 30% são restritas à Mata Atlântica, assim como 12% das 620 espécies de aves, 61% das 260 espécies de mamíferos, 90% dos 280 anfíbios e 30% das 200 espécies de répteis. Para alguns grupos, como os primatas, mais de dois terços das formas são restritas a esta eco-região.

Os relatos dos viajantes foram formando um inventário de suas plantas e animais, cujo enlevo e encantamento são expressos por tonalidades peculiares: Américo Vespúcio, interessado em promover o território descoberto, confessa retoricamente: "algumas vezes me extasiei com os odores das árvores e flores e com os sabores dessas frutas e raízes, tanto que pensava comigo estar perto do Paraíso Terrestre... e o que direi da quantidade de pássaros, das cores de suas plumagens e cantos, quantos são e de quanta beleza? Não quero me estender nisto, pois duvido que me dêem crédito".

Natureza exuberante – cachoeira formando piscina na Mata Atlântica em Camburi (SP)

A EXPLORAÇÃO DO PAU-BRASIL

Antes de ser feito prisioneiro pelos Tupinambás, em 1549, o aventureiro alemão Hans Staden, a bordo de nau portuguesa, oferece diversos testemunhos como este que ilustra as "regras" da exploração: "Navegamos 40 milhas, saindo de Pernambuco, até o porto de Potiguaras, onde fizemos um carregamento de pau-brasil e pretendíamos conseguir dos selvagens ainda mais mantimentos. Ao chegar ali, demos com uma nau francesa, que estava justamente fazendo um carregamento de pau-brasil. Atacamos, na esperança de tomá-los de assalto, mas os franceses arrebentaram o nosso mastro principal com um tiro de canhão e escaparam".

A melhor – ou mais rentosa – notícia do Brasil se concretizou um ano depois da vinda de Pedro Álvares Cabral. Na carta em que relata a viagem de 1501, Vespúcio constatara que "nessa costa não vimos coisa de proveito, exceto uma infinidade de árvores de pau-brasil". Em 1504, enquanto erguia o primeiro estabelecimento lusitano no Brasil, uma feitoria em Cabo Frio, Vespúcio cuidou de ir "carregando os navios com pau-brasil". A madeira logo despertou interesse nas manufaturas têxteis da Itália e da França pelo corante avermelhado que fornece. Nos 30 primeiros anos após a descoberta, a Coroa portuguesa nada fez pelo novo território a não ser arrendá-lo à iniciativa privada, transformando-o em uma imensa fazenda extrativista de pau-brasil. A exploração desta árvore e a decorrente destruição da Mata Atlântica fizeram a nova colônia de Portugal ficar conhecida como Terra Brasilis.

Era chamada pelos índios de ibirapitanga, ibirapiranga, ibirapita, ibirapitã, muirapiranga e orabutã (em tupi: ibirá = árvore, tronco; piranga = vermelho) e, por sua dureza, era propícia para a confecção de arcos e flechas. Hoje, além desses nomes, também é conhecida por pau-vermelho, pau-de-pernambuco, pau-rosado e pau-de-tinta. A espécie foi descrita cientificamente em 1789 pelo evolucionista Lamarck, sendo chamada *Caesalpinia echinata*.

Uma outra espécie de árvore que fornecia pigmento vermelho para tingir de cor púrpura os tecidos, desde tempos remotos, na Índia e entre os árabes, era a *Caesalpina sappan*. Nativa de Sumatra, chamava-se sapang (vermelho, em sânscrito) e foi levada à Europa no século XI. A sua importação à França imprimiu-lhe o nome brezill, depois brésil, e na Itália berzi ou verzi, depois verzino. No século XIII, o "pau-de-tinta" já era usado na Espanha e em Portugal com o nome de brasil.

O comércio do pau-brasil foi garantido por meio de um consórcio de arrendamento patrocinado pelo rei D. Manoel entre mercadores italianos e portugueses. Assegurando o monopólio sobre o produto, Portugal comprometia-se a interromper a importação de pigmento similar das Índias, que era de melhor qualidade e mais barato, mas cujo acesso fora dificultado pelo bloqueio de Veneza. Por sua vez, os arrendatários assumiam a exploração anual de 300 léguas do litoral, o envio de navios às costas brasileiras, a manutenção de uma fortaleza e o pagamento de direitos à Coroa.

Além dos consorciados, navios franceses, ingleses e holandeses abarrotavam-se de pau-brasil ao longo da costa. Os locais de maior concentração de árvores ficavam entre o Rio de Janeiro e Cabo Frio, ao sul da Bahia e em Pernambuco. Cada navio levava cerca de cinco mil toras por viagem e, nos primeiros cem anos, cerca de 2 milhões de árvores foram derrubadas! Em 1558, o pastor francês Jean

O primeiro arco de violino com a madeira do pau-brasil, conhecida como Fernambouc, por sua origem pernambucana, foi projetado em Paris, em 1775. Na década de 1970, Alemanha, França e Estados Unidos ainda importavam toras de pau-brasil para a confecção de arcos de violinos.

de Léry, que permaneceu nove meses na região do Rio de Janeiro, afirmava só ser possível encontrar as melhores árvores a mais de 20 quilômetros da costa.

O monopólio da exploração do pau-brasil pela Coroa só foi interrompido em 1859, devido ao aparecimento das anilinas sintéticas e à escassez já atingida pela espécie, levando ao aumento do custo de sua exploração. Em todo esse longo período, o processamento da madeira para extração do corante nunca foi desenvolvido na colônia, cabendo aos holandeses o lucro do valor agregado ao produto. O fim do monopólio não deu tréguas à espécie, que continuou sendo comercializada na construção civil e na fabricação de arcos de instrumentos musicais.

O grande estrago já estava feito, com imensos trechos de floresta postos abaixo. O resultado foi a inclusão do pau-brasil na lista das espécies ameaçadas de extinção, como várias outras da Mata Atlântica. Em 7 de dezembro de 1978, o pau-brasil tornou-se a Árvore Nacional e o dia 3 de maio a sua data comemorativa. O pau-brasil tem sido replantado em vários lugares do país por iniciativa de voluntários e pesquisadores de jardins botânicos, instituições de pesquisa e ONGs.

A prática da exploração e do tráfico de espécies para a Europa não se resumia ao pau-brasil. Outras madeiras, como canela, canjerana e jacarandá, foram exploradas intensamente e comercializadas na construção naval, edificações e móveis.

Havia ainda uma gama de outros produtos preenchendo os espaços dos navios. Hans Staden conta alguns episódios: enquanto uma nau francesa recolhia pau-brasil em Niterói, foi enviado "um barco a Ubatuba, a fim de fazer comércio, para obter dos selvagens pimenta, macacos e papagaios". Assim, desde os primórdios da colonização, a Mata Atlântica forneceu outros produtos de exportação: macacos e sagüis, pele de certos felinos – a pele de onça chegava a valer o equivalente a um boi na época – de veado, lontra, cotia, paca, cobra, jacaré, anta e outros animais. Também iam para o exterior as exuberantes aves que fizeram o país ser chamado, entre 1502 e 1505, de Terra dos Papagaios. Noutra passagem, Staden fornece outra notícia: "os franceses vinham todo ano com naus, trazendo facas, machados, espelhos, pentes e tesouras, e recebendo em troca pau-brasil, algodão e outras coisas, como penas de pássaros e pimenta". Entre os tripulantes das naus portuguesas, o tráfico de animais silvestres representava a possibilidade de obter algum lucro pessoal na viagem. Os "brasileiros", como eram chamados os homens envolvidos no comércio do pau-brasil, garantiam um regresso mais compensador contrabandeando os exóticos papagaios, felinos e macacos para as cortes européias.

A CANA-DE-AÇÚCAR E A PECUÁRIA

O sistema de concessão de terras por parte de Portugal foi outro fator acelerador da destruição dos ecossistemas da colônia. O proprietário recebia gratuitamente uma área, a sesmaria, que explorava até o esgotamento de seus recursos e de seu solo, quando a abandonava, solicitando outra ao governo. Gerou-se assim o conceito de que a terra era um recurso descartável.

Outra grande causa da destruição da Mata Atlântica foi a abertura de áreas para o cultivo da cana-de-açúcar e utilização da madeira como lenha, para o funcionamento dos engenhos e para fazer caixotes para o transporte do açúcar para a Europa. Os engenhos implantados a partir de 1516 prosperaram na mesma proporção em que a floresta diminuía nas regiões Nordeste e Sudeste. Em 1549, Hans Staden, ao chegar a ilha de São Vicente, encontra "algumas fazendas, denominadas engenhos, onde se produz açúcar". A pecuária introduzida, de início para servir de força motriz nos engenhos, logo expandiu-se como atividade econômica independente, aumentando o impacto sobre as florestas litorâneas especialmente em Pernambuco, Recôncavo Baiano e São Vicente.

Até hoje a cana-de-açúcar é um dos produtos mais encontrados em áreas um dia cobertas pela Mata Atlântica. Atualmente, no entanto, as fazendas são chamadas de usinas e não de engenhos

A primeira história natural do Brasil

A missão colonizadora, científica e artística do holandês João Maurício de Nassau trouxe o jovem astrônomo e geólogo Jorge Marcgrave e o médico Guilherme Piso, que escreveram obras importantes sobre a fauna e a flora brasileiras. Marcgrave chegou à Baía de Todos os Santos em março de 1638. O seu História Natural do Brasil *(1648) é um extenso e importante inventário da fauna e flora do país, compreendendo três livros que tratam das plantas, quatro de animais (peixes, aves, quadrúpedes e serpentes, insetos) e um sobre a região e seus habitantes. A obra contém ainda um apêndice sobre os Tapuias e sobre os povos do Chile, país para onde os holandeses enviaram expedição em busca de ouro em 1643. Além das ricas ilustrações e da descrição minuciosa das espécies, seu* História Natural *assinala os nomes dos animais na língua indígena e no português. "Há no Brasil uma grande abundância e variedade de papagaios, chamados Aiuru, na língua dos indígenas". Marcgrave inventariou os saberes desde a Antigüidade, procurando verificar ou corrigir algumas crenças: "Eu afirmo... com Jul. Scaligero... o que ele afirma de seu tordo e das aves de rapina, eu afirmo de meu papagaio, que eu chamava Lauro, porque muitas vezes despertando durante a noite, meio sonolento falava... Os papagaios fazem ninho nas cavidades das árvores... Se tocarmos nos ovos, eles não goram, nem o papagaio os abandona... Os Tapuias preparam os papagaios com várias cores, depenando os mais novos e pintando a pele com várias cores; estes são chamados pelos portugueses papagaios contrafeitos".*

O CACAU E A MINERAÇÃO

Dos frutos do cacau aproveita-se principalmente as sementes, utilizadas para a produção de chocolate

No século XVIII, mudas de cacau – de origem amazônica – foram levadas para a região de Ilhéus, na Bahia. Como o clima e a vegetação eram semelhantes, as plantas se deram muito bem e a economia cacaueira começou a se desenvolver. Não causou a mesma devastação que a cana-de-açúcar porque o cacaueiro cresce sob a sombra de árvores maiores. A pequena vila cresceu, mas foi somente no começo do século XX que o cacau prosperou. Foi a época dos grandes casarões e do desenvolvimento de uma sociedade de barões de cacau. O período áureo, no entanto, durou pouco. Ao longo do tempo, com a quebra da bolsa de Nova York, em 1929, entre outras crises econômicas, o crescimento do cultivo em outros países e a praga da "vassoura de bruxa", que seca fruto e folhas da árvore, o cacau decaiu.

Com a descoberta do ouro no Brasil, no início do século XVIII, surgiu a atividade mineradora, que expandiu-se ao longo de suas décadas, modificando e degradando a floresta de forma mais intensa que a lavoura. Na "fase do ouro de lavagem" a mineração adentrou o continente, explorando os leitos dos rios. Depois passou aos depósitos profundos, causando degradação do solo, ressecamento dos rios e destruição da cobertura florestal. Estima-se que na primeira metade daquele século, cerca de 800.000 portugueses migraram para o Brasil, atraídos pela busca de ouro e pedras preciosas. Com a onda migratória, também interna, originaram-se novos assentamentos populacionais e maior demanda de madeira para construção de casas e mobiliário.

A MÃO-DE-OBRA

Uma das regiões que concentra várias comunidades negras reunidas pela atividade mineradora do século XVIII é o Vale do Ribeira (SP). A maioria das comunidades remanescentes de quilombos está nos municípios de Eldorado e Iporanga, sendo que algumas – Ivaporunduva, Pilões, Maria Rosa, André Lopes, Nhungara, Pedro Cubas, São Pedro e Sapatu – já foram reconhecidas como quilombolas pelo governo estadual. Em Ivaporunduva, por exemplo, existem cerca de 80 famílias, organizadas em torno da Associação Quilombo Ivaporunduva, cujo principal meio de locomoção é a canoa, construída em madeira e cipó. Em sua área, além da capela de Nossa Senhora dos Homens Pretos, a mais antiga edificação do vale (1779), encontram-se sítios arqueológicos.

As atividades agrícolas, pastoris e mineradoras desenvolveram-se nos quatro primeiros séculos de ocupação do Brasil à custa da mão-de-obra escrava. Com a abolição da escravatura, em 1888, restaram poucas opções de sobrevivência aos escravos abandonados pelos ex-senhores, momento em que se formaram muitos quilombos.

A Constituição brasileira de 1989 reconhece às comunidades remanescentes de quilombos o direito aos seus costumes e tradições e também à propriedade das terras que ocupam, mas que ainda precisam ser legalizadas, uma vez que há vários conflitos como sobreposição com áreas particulares e com unidades de conservação. Como no caso das comunidades indígenas, o desafio atual é buscar uma saída para manter o modo de vida tradicional das comunidades conciliando-o com a legislação ambiental, de modo que o extrativismo e a roça de subsistência consigam manter-se segundo os padrões da sustentabilidade.

Moradia das comunidades remanescentes (MT)

Os coqueiros altos encontrados em quase todo o litoral do Nordeste foram plantados por Garcia D'Avila, senhor de grande parte dessas terras

A INTRODUÇÃO DAS ESPÉCIES

No final do século XVIII, foram introduzidas as ciências modernas no currículo universitário em Portugal e o pernambucano Manuel Arruda da Câmara, senhor de terras afeito à ciência, foi um dos que ocupou oficialmente o cargo de naturalista-viajante na colônia americana a serviço da Coroa Portuguesa, a partir de 1797. Arruda denunciou a rareação da carnaúba e as conseqüências econômicas de seu desaparecimento, ao mesmo tempo em que defendeu a introdução de espécies trazidas de outros cantos do mundo para aclimatação em jardins botânicos que a Coroa iria implantar no Brasil, e depois transplantá-las para cultivo em diversas partes do território. Defende Arruda: "a possibilidade de podermos arrancar das Índias Orientais o seu principal comércio, e nos senhorearmos dele com manifesta vantagem. Esta verdade é ainda mais confirmada pela prosperidade que obteve na Bahia, a plantação da pimenta da Índia". E completa em seguida, "Que riqueza não nos tem provindo das transplantações das canas-de-açúcar, do algodão, do tabaco, do café... da mandioca, do trigo, do milho, da mangueira, da jaqueira, dos dendezeiros, dos inhames, dos coqueiros e de outras plantas? Nenhuma destas é própria do Brasil: umas vieram da Arábia, outras da Índia, outras da África, e o milho da América Setentrional". Claro que Arruda equivocou-se acrescentando em sua lista o tabaco e a mandioca, já citados pelos cronistas como presentes na vida dos povos indígenas do Brasil. Arruda da Câmara escreveu várias obras, muitas das quais desapareceram sem ser publicadas, e seus estudos foram vitimados pelos atropelos e mudanças da política econômica destinada ao desenvolvimento da Colônia brasileira.

Apesar de introduzir espécies variadas no Brasil desde o início da colonização, Portugal manteve, com poucas exceções como a do pau-brasil, a política mercantilista voltada à manutenção do monopólio dos mercadores de produtos oriundos das colônias asiáticas. Chegou-se mesmo a decretar a extirpação de todas as espécies aqui introduzidas, como atesta documentação relativa a pelo menos uma espécie, o gengibre, cujo relato do Padre Antonio Vieira ilustra bem a ineficácia: "D. Manuel, por conservar a conquista do Oriente, mandou arrancar todas as plantas indiáticas, com lei capital que ninguém as cultivasse, e assim se executou, ficando somente o gengibre que, como é raiz, dizem no Brasil, se meteu pela terra dentro: mas ainda se conserva a proibição, e se toma por perdido".

Apenas em finais do século XVIII, a Coroa começa a revogar as antigas proibições e a incentivar a aclimatação no Brasil de plantas cultivadas nas colônias orientais. A transplantação de espécies passa a ser vista como arma econômica da expansão comercial, com o Brasil desempenhando um papel crescente nos esforços de restabelecimento do império português.

O fruto maduro do café tem a cor vermelha-escura

Nativas da Etiópia, as primeiras mudas de café parecem ter sido contrabandeadas do Jardim Botânico de Caiena, na Guiana Francesa, em 1727. Dos canteiros ornamentais das chácaras de Belém do Pará, irradiou-se para os estados vizinhos e, por volta de 1790, passou a ser cultivado em escala comercial nas matas do Rio de Janeiro. Acreditava-se na época que o café crescia sob a sombra e sobre o solo coberto por floresta "virgem". Isso levou ao constante abandono de plantações velhas e à conquista de novas fatias da floresta, acarretando uma das maiores devastações da Mata Atlântica.

O ciclo do café se expandiu e prosperou no século XIX, cobrindo extensas áreas no Paraná, São Paulo, Minas Gerais e Rio de Janeiro. Neste último, o estrago que o plantio de café havia causado na mata nativa – e a conseqüente ameaça aos mananciais de água da cidade – deu origem ao primeiro reflorestamento por espécies variadas na América Latina. O imperador D. Pedro II promoveu a proteção da área em 1862, criando as florestas da Tijuca e das Paineiras, e fomentou seu reflorestamento. Entre 1874 e 1887, 130 mil mudas foram utilizadas para recompor a mata.

A maior floresta urbana do mundo, o Parque Nacional da Tijuca, dá vista para o mar azul da cidade do Rio de Janeiro

A Mata Atlântica foi selecionada pela instituição Conservation International como uma das eco-regiões mais importantes para conservação de diversidade biológica do planeta (hot spot). Como se não bastasse, está entre os cinco principais pontos no mundo em termos de riqueza de espécies e condição de ameaça do ecossistema. Das cerca de 200 espécies animais ameaçadas de extinção no Brasil, aproximadamente 85% são da Mata Atlântica.

CENTROS URBANOS E A INDÚSTRIA

Ao longo do século XX, uma nova ameaça pesou sobre os remanescentes da Mata Atlântica: o crescimento da população humana e a expansão urbana. Não apenas as grandes metrópoles, como Rio de Janeiro e São Paulo, ampliaram seu espaço urbano, mas toda a faixa atlântica sofreu grande processo de ocupação, com mais derrubada de florestas para habitação, extração de matéria-prima e desenvolvimento industrial. O crescimento urbano continua a ser uma das grandes ameaças ao que restou da mata.

A Mata Atlântica é a quarta eco-região mais ameaçada do mundo: perdeu 92% de sua extensão original com a devastação provocada pela ocupação humana. Seus principais remanescentes concentram-se nos locais em que a ocupação foi dificultada pelo relevo acidentado – as serras do Mar e da Mantiqueira – nos estados das regiões Sul e Sudeste do país. Em 1991, a Unesco declarou a Serra do Mar como Reserva da Biosfera.

Desde 1990, a Mata Atlântica vem sendo monitorada por meio do projeto Atlas da Evolução dos Remanescentes Florestais e Ecossistemas Associados da Mata Atlântica, por imagens de satélite em escala 1:50.000, de áreas mínimas de 10 hectares. Desde 2000, são realizados diagnósticos e monitoramentos anuais de áreas críticas. Os estudos mostram um acentuado ritmo de substituição de extensas áreas de florestas por empreendimentos agropecuários, obras de infra-estrutura e expansão urbana. Em 1990, a Mata Atlântica correspondia a 95.641 quilômetros quadrados, ou seja, 8% da área original.

Nesta página: o folhiço da Mata Atlântica esconde inúmeras espécies de répteis, insetos e anfíbios como esta rã; a corujinha-do-mato vive tanto na orla de áreas florestadas como em ambientes urbanos

À direita: a Mata Atlântica abunda em espécies de plantas, que apresentam as mais diversas formas de flores, como podemos ver, em sentido horário: delicadas inflorecências; helicônia; bromélia; orquídea

CAPÍTULO V

CONSERVANDO E DESCOBRINDO A MATA ATLÂNTICA

Acima, o grupo dos beija-flores inclui as menores espécies de aves conhecidas. Somente na Mata Atlântica são mais de 30 espécies

Página anterior: o ecossistema manguezal é regido pelo sobe-e-desce das marés que salgam as e águas trazendo nutrientes e vão-se expondo as raízes-escora

Foi na Mata Atlântica que teve início a exploração dos recursos naturais brasileiros, mas foi também onde nasceu o movimento conservacionista no país. Antes mesmo da palavra conservação entrar em voga, os governantes brasileiros já viam na destruição das matas um problema ambiental. Inicialmente, voltado para as fontes de água e a importância de preservação dos mananciais abrigados pelas florestas; com o tempo, o foco foi se voltando para a mata em si.

No início do século XIX, José Bonifácio de Andrada e Silva já atentava para o problema do desmatamento e da retirada de nossas florestas: "Nossas terras estão ermas. Nossas preciosas matas vão desaparecendo, vítimas do fogo e do machado, da ignorância e do egoísmo; nossos montes e encostas vão-se escavando diariamente e, com o andar do tempo faltarão as chuvas fecundantes, que favorecem a vegetação e alimentam nossas fontes e rios. Virá então esse dia terrível e fatal, em que a ultrajada natureza se ache vingada de tantos erros e crimes cometidos". Alguns anos mais tarde, D. Pedro II deu sua contribuição às ações voltadas para a conservação da floresta, organizando o plantio de mudas e o reflorestamento das encostas atrás da cidade do Rio de Janeiro, iniciativa que foi o embrião do Parque Nacional da Tijuca.

No início da década de 1980, a consciência ambientalista tornou-se mais presente no cotidiano brasileiro. Foi nesse período, por exemplo, que os movimentos pela conservação marinha, como o "Salve as Baleias", começaram a tomar forma.

Nessa época, o governo federal, atendendo a demandas e pressões internacionais, criou várias unidades de conservação, principalmente reservas biológicas e parques nacionais, e implementou projetos voltados para a proteção de espécies ameaçadas de extinção. Datam desse período, também, os primórdios da preocupação brasileira com as populações humanas que viviam dos recursos marinhos e da Mata Atlântica e a preocupação de integrar as comunidades tradicionais às medidas conservacionistas.

Os habitantes da Mata Atlântica sempre tiveram uma relação profunda com a mata e com o mar, locais onde encontram seus meios de sobrevivência. Produzem pouco excedente e são importantes peças para a compreensão e a preservação dos ecossistemas locais. A população caiçara, por exemplo, utiliza seus conhecimentos sobre o meio ambiente para o melhor aproveitamento de seus recursos.

Como retroceder no tempo não nos é facultado, está no futuro o enfoque principal da conservação da natureza. Passos importantes vêm sendo dados rumo à preservação dos trechos de Mata Atlântica que ainda persistem, buscando a convivência do ser humano com a mata, em harmonia com seu ambiente.

O arquipélago de Fernando de Noronha e seu imponente morro do Pico pertencem à eco-região da Mata Atlântica

RESERVA DA BIOSFERA DA MATA ATLÂNTICA

O conceito de reserva da biosfera nasceu no início dos anos 1970 e teve seu embrião na Conferência da Unesco sobre Conservação e Uso Racional dos Recursos da Biosfera. Essas reservas têm como objetivo conciliar a conservação ambiental e as atividades humanas tradicionais, garantindo o patrimônio natural do planeta para as próximas gerações. A reserva da biosfera da Mata Atlântica foi criada em 1990 e, apesar de ser apoiada pela Unesco, no Brasil é administrada totalmente por brasileiros. O macaco muriqui, uma das espécies ameaçadas deste ecossistema, é seu símbolo.

O muriqui (ou mono-carvoeiro) é o maior macaco das Américas, está ameaçado de extinção e foi eleito como símbolo da Reserva da Biosfera da Mata Atlântica

Como as outras desta categoria espalhadas pelo mundo, a da Mata Atlântica tem como princípios básicos a conservação da biodiversidade, o desenvolvimento sustentável e o conhecimento científico. Sua enorme área de 290 mil quilômetros quadrados inclui trechos da costa do país e de seu interior, desde o Ceará até o Rio Grande do Sul, e também as ilhas oceânicas (Penedos de São Pedro e São Paulo, Fernando de Noronha, Atol das Rocas, Trindade e Martin-Vaz). Um trecho de interesse nos limites desta reserva é a área do Cinturão Verde de São Paulo, onde existe uma “reserva dentro da reserva”. Alguns dos marcos da conservação ambiental da Mata Atlântica são os atos de tombamento da Serra do Mar, no estado de São Paulo, em 1985, e no Paraná, no ano seguinte. Naquela época e desde sempre, a exploração dos recursos da floresta só aumentava: eram bromélias, orquídeas, palmitos, caxetas e manguezais que iam embora, ao mesmo tempo em que ocorriam derrubadas para implantar cultivos de banana, chá, arroz, etc. Assim, a única solução possível para frear a destruição da Mata Atlântica parecia ser o manejo sustentável dos recursos da floresta.

Uma tendência atual é promover o envolvimento dos habitantes nativos nas atividades realizadas no local. A exploração consciente dos recursos tem, muitas vezes, origem no próprio saber destas comunidades que, há séculos, vivem da floresta. Assim, aliar o conhecimento científico sobre as espécies e o saber tradicional pode ser uma ótima forma de encontrar soluções viáveis para a conservação dos ecossistemas. O sucesso continuado de medidas conservacionistas é normalmente assegurado quando os habitantes da região participam de seus benefícios, sejam eles sociais, ambientais ou econômicos.

Algumas das iniciativas voltadas para a conservação da Mata Atlântica são os projetos de plantio de palmito-juçara, a utilização racional da caxeta e de plantas medicinais e a promoção do ecoturismo. O palmito, por exemplo, leva cerca de oito anos para chegar ao tamanho de corte, para poder ser retirado, cozido e então consumido, e para extraí-lo, a palmeira deve ser derrubada e, por conseqüência, morre. Portanto, o plantio e a exploração sustentáveis da espécie devem melhorar o problema de seu desaparecimento. O plantio da pupunha, espécie de palmeira que também fornece palmito, constitui outra alternativa de conservação. No entanto, ironicamente, muitas das áreas em que ela é plantada foram desmatadas para este fim: ou seja, a Mata Atlântica cedeu lugar a uma plantação para proteger uma espécie ameaçada deste mesmo ecossistema.

ECOTURISMO E OUTRAS INICIATIVAS DE CONSERVAÇÃO

O ecoturismo vem sendo vislumbrado como uma das possibilidades de uso sustentável da Mata Atlântica. Pode ser entendido como a visitação responsável de áreas naturais, com propósitos recreacional e educacional, com intenção de conservar o meio ambiente e melhorar a qualidade de vida dos habitantes locais. Segundo estimativas, o turismo para apreciação da natureza é responsável por entre 40 e 60% do turismo internacional. Assim, o desenvolvimento balanceado do ecoturismo deve beneficiar tanto interesses de conservacionistas como de populações locais. Acredita-se que possa ser, inclusive, uma forma produtiva de conservação da natureza, desde que traga divisas e outros benefícios para a comunidade local; que não atinja proporções não administráveis; que tenha um componente substancial de verdadeira educação ambiental; e que gere recursos para atividades conservacionistas.

Outra iniciativa interessante é a das reservas extrativistas. Nascidas no contexto amazônico, expandiram-se também para ambientes marinhos, que ficam todos localizados em áreas de Mata Atlântica. Têm como proposta a aplicação do desenvolvimento sustentável, mesclando conservação dos recursos naturais e melhoria da qualidade de vida das populações extrativistas. Entre os produtos explorados pelas reservas marinhas estão peixes, crustáceos e moluscos – a ostra e o mexilhão, por exemplo. A primeira a ser criada foi a Marinha de Pirajubaé (1992), em Santa Catarina, em seguida vieram as de Arraial do Cabo (RJ), Baía de Iguape e Ponta do Corumbau, ambas na Bahia.

Filhotes de tartaruga-cabeçuda caminham para o mar sob a proteção do Projeto Tamar

Ainda na área marinha, devem ser mencionados projetos exemplares de conservação de fauna: o Peixe-Boi e o Baleia Jubarte. O Projeto Tamar é o maior projeto de conservação brasileiro. Criado em 1980, tem reconhecimento internacional e equilibra muito bem a preservação de espécies ameaçadas de extinção, a melhoria da qualidade de vida de populações locais – que antes viviam das tartarugas como recursos mortos –, a educação ambiental e a pesquisa científica. A duras penas, é certo, mas tornou-se um belo exemplo de atuação conjunta entre governo (Ibama), ONG (Fundação Pró-Tamar) e empresas – a Petrobras é a patrocinadora oficial do projeto. Para tanto, buscou novas fontes de renda para os pescadores que antes comiam ovos e tartarugas, ao invés de reprimir estas atitudes.

Entre as espécies ameaçadas de extinção da Mata Atlântica estão mamíferos como o muriqui, ou mono-carvoeiro, o maior macaco das Américas. Endêmico desta floresta, ainda existe hoje em áreas de mata preservadas entre 500 e 1800 metros de altitude, como no vale do Ribeira (SP), no Parque Nacional do Caparaó e em algumas reservas em Caratinga (MG). Nestas últimas, as áreas florestadas estão protegidas principalmente pela sua presença no local. Além dele, chamam também atenção as quatro espécies de pequenos micos-leões, exclusivas do ecossistema. Cada uma delas é restrita a uma pequena área e pouco se sabe sobre sua distribuição nas épocas em que a Mata Atlântica dominava a paisagem. O mico-leão-dourado ocorre na região da Reserva Biológica do Poço das Antas (RJ), o preto no Parque Estadual do Morro do Diabo (SP), o da cara-dourada na Reserva Biológica do Una (BA) e o da carinha-preta no litoral do Paraná.

Outros mamíferos que se destacam nestes ambientes são as onças-pintadas, nossas grandes caçadoras. Sua eficiência como predadora, a elegância de movimentos e a magnífica pelagem malhada sempre encantaram nativos e estrangeiros que tiveram a sorte de encontrá-la pelo caminho. Para os primeiros exploradores que aportaram no Brasil, eram como "tigres que despedaçam gente" (Hans Staden). Com o desmatamento, a fragmentação de seu ambiente original e a conseqüente diminuição de suas presas naturais, a onça passou a atacar o gado, provocando a perseguição pelos fazendeiros, tornando a espécie cada vez mais ameaçada.

No grupo das aves, os papagaios são os que mais chamam atenção. Temos o de-peito-roxo, o chauá e o sabiá-cica, que apesar do nome também é um papagaio, todos ameaçados de extinção devido à perda de habitat e à caça predatória. Além destas, várias outras espécies aparecem na listagem da fauna brasileira com perigo de desaparecer para sempre da face da terra, como a maria-leque, a jacutinga, o macuco, o gavião-real, os mutuns, os jacus e muitos mais.

UNIDADES DE CONSERVAÇÃO

Os estados de São Paulo e Paraná, que possuem as maiores extensões ainda preservadas da Mata Atlântica, contam com várias unidades de conservação. Entre as que são imponentes em área, diversidade de fauna e flora, ou formato, destacamos a Estação Ecológica Juréia-Itatins, o Parque Estadual do Morro do Diabo e o da Serra do Mar, em São Paulo; no Paraná, o Parque Estadual do Marumbi impressiona com seu grande maciço rochoso. Deve-se ressaltar também a grande área contínua que une várias unidades de conservação e abriga um incrível número de cavernas: a Província Espeleológica do Vale do Ribeira.

Parque Nacional da Serra Geral

O nome pomposo faz referência ao mais importante conjunto de cavernas das regiões Sudeste e Sul do país, com mais de 250 cavidades subterrâneas, sendo a maioria calcária. Nesta maravilhosa região, coberta por Mata Atlântica exuberante e cortada por ornamentadas cavernas, existem hoje três unidades de conservação, criadas para preservar suas belezas naturais: o Parque Estadual Turístico do Alto Ribeira (Petar), criado em 1958; o Parque Estadual de Jacupiranga, de 1969; e o Parque Estadual Intervales, área já conservada desde 1987 e transformada em parque em 1995.

Quem tem a chance de visitar uma caverna costuma aguçar a curiosidade a cada passo. As belas ornamentações subterrâneas – chamadas espeleotemas – são das mais variadas cores e desenhos. Delicadas esculturas, formadas ao longo de séculos, costumam deixar os marinheiros de primeira viagem boquiabertos.
O fascinante mundo das cavernas – principalmente em calcário – tem muito a contar sobre sua formação: a água das chuvas e dos rios penetra no solo, infiltrando-se rumo ao lençol freático. Já no caminho, transforma-se em um ácido, oriundo da reação com o gás carbônico. Quando chega às zonas calcárias, o composto reage com o carbonato de cálcio que forma as rochas, originando um sal facilmente dissolvido. Assim acontece o processo de erosão das cavernas, constantemente escavadas pela água, que por sua vez vai percolando pelas frestas e ajudando a abrir caminho. Com o tempo e as ações químicas e mecânicas, vão se formando salões, abismos e galerias. Nestes locais, por estreitas passagens, ocorre a precipitação do carbonato de cálcio que forma os espeleotemas: estalactites, estalagmites, pérolas, flores de aragonita, travertinos, cortinas e mais um mundo de maravilhosas ornamentações.

Na década de 1920 começaram a surgir as primeiras áreas naturais protegidas no mundo. O Brasil demorou um pouco a seguir essa tendência internacional, mas acabou criando, em 1937, o nosso primeiro Parque Nacional: o de Itatiaia. Na serra da Mantiqueira, fazendo divisa com os estados do Rio de Janeiro, Minas Gerais e São Paulo, o parque é dividido em duas partes: a alta, onde se destacam os grandes blocos rochosos como as Agulhas Negras e as Prateleiras em meio aos campos, e a baixa, onde a Mata Atlântica luxuriante exibe inúmeras cachoeiras e beija-flores.

Na área serrana estão ainda os parques nacionais da Serra da Bocaina (RJ e SP), que abriga trechos percorridos por tropeiros para levar o ouro de Minas Gerais a Parati, na época do ciclo do ouro; o da Serra dos Órgãos (RJ) que atraiu alpinistas e olhares mais nobres, como os dos naturalistas austríacos von Spix e von Martius. O Parque Nacional da Tijuca, em plena capital carioca, é a maior floresta urbana do mundo e abriga um dos pontos turísticos mais conhecidos do país, o morro do Corcovado, no qual está a estátua do Cristo Redentor. O maciço do Caparaó, onde está o parque nacional homônimo, conta com picos elevados, como o da Bandeira, de 2.890 metros, que já foi considerado o mais alto do Brasil.

As serras do Sul, por sua vez, abrigam três outros parques nacionais: Aparados da Serra, Serra Geral e São Joaquim, cujas grandes atrações são as maravilhosas formações rochosas e as araucárias. Os dois primeiros são vizinhos e compartilham a bela paisagem de cânions, com os campos-de-cima-da-serra na parte superior e mata na serra-abaixo.

Talvez os parques nacionais que melhor representem os ecossistemas das florestas que se desenvolvem sobre as planícies costeiras arenosas sejam os da Lagoa do Peixe e da Restinga de Jurubatiba. Este último, no litoral norte fluminense, é polvilhado de lagoas e lagunas. O da Lagoa do Peixe (RS) destaca-se pela presença das aves: são mais de 180 espécies, incluindo residentes e migratórias, como os belos flamingos. Ao longo das praias, nas lagoas e lagunas, observam-se também maçaricos, piru-pirus, garças-mouras, talha-mares, cisnes-do-pecoço-preto e trinta-réis.

Dois outros parques nacionais que incluem tanto as matas como os ecossistemas associados da Mata Atlântica são o St. Hilaire-Lange e o Superagüi, ambos no litoral paranaense. A zona de estuário, apropriadamente denominada "rainha dos peixes" pelos Tupis-Guaranis, conta com manguezais, vegetação de restinga e ilhas costeiras como as de Superagüi, das Peças, do Pinheiro e do Pinheirinho.

No sul da Bahia, na área onde os portugueses desembarcaram pela primeira vez em terras brasileiras, existem quatro par-

O palmito-juçara, hoje não mais tão comum na floresta, é base alimentar de diversas espécies da fauna nativa

ques nacionais, todos remetendo ao início da colonização. Apesar deste trecho de litoral ser bastante explorado, as palavras de Pero Vaz de Caminha ainda definem bem o que se vê na região: "De ponta a ponta, é tudo praia-palma, muito chã e formosa. Pelo sertão nos pareceu, vista do mar, muito grande, porque, a estender olhos, não podíamos ver senão terra com arvoredos, que nos parecia muito longa". Os parques nacionais do Descobrimento e do Pau-Brasil foram criados por ocasião da comemoração dos 500 anos de descobrimento, em trechos onde a Mata Atlântica ainda abriga alguns exemplares da famosa árvore vermelha. Já o Parque Nacional do Monte Pascoal abriga o morro que evidenciou a "terra à vista" para a esquadra de Cabral. Pequenino, 536 metros de altitude, marcou a páscoa do ano de 1500. Hoje, é co-administrado pelo Ibama e pelos índios Pataxós, cuja reserva se sobrepõe à unidade de conservação.

Ainda no sul da Bahia está o Parque Nacional Marinho dos Abrolhos, um belo arquipélago cercado por águas translúcidas. Em terra, as aves marinhas fazem a festa. No mar, fica difícil dizer quem chama mais atenção, tamanha a variedade de espécies. Pode-se dizer que os Abrolhos abrigam a principal formação de recifes de coral do Atlântico sul, onde estão os incríveis chapeirões – colunas de coral com até 30 metros de altura, em formato de cogumelo, que podem atingir até 50 metros de diâmetro. Aqui estão, pelo menos, 16 espécies endêmicas de corais. Outro destaque dos Abrolhos são as baleias-jubarte, que elegeram o arquipélago como área de reprodução.

Outro arquipélago, desta vez formado por ilhas oceânicas, que se tornou parque nacional foi o de Fernando de Noronha (PE). Reconhecido como um dos melhores pontos do país para mergulho, Noronha ainda conta com trechos de mata, onde estão algumas espécies exclusivas. No mar, os maiores atrativos são as tartarugas-marinhas e os golfinhos-rotadores.

O Parque Nacional de Ilha Grande (PR) localiza-se na região que já foi identificada como "Las Missiones del Guayra", ocupadas pelos padres jesuítas e os índios catequizados. Ironicamente, sobrepõe-se a um outro parque nacional, sepultado junto com o que era sua maior atração: a formação das cachoeiras de Sete Quedas, no rio Paraná. A luta por sua conservação – contra a construção da usina hidrelétrica de Itaipu – foi um dos primeiros grandes movimentos conservacionistas no Brasil. Seu vizinho, o parque nacional do Iguaçu, ainda abriga as maravilhosas cataratas, na divisa do Brasil com a Argentina, que também tem seu Parque Nacional para preservá-las. Do lado argentino, a Mata Atlântica é conhecida como "mata missionera".

Abaixo: bromélia crescendo sobre tronco de árvore

À direita: os fungos são muito comuns na Mata Atlântica e podem ser observados sobre troncos em decomposição

Do alto do Itatiaia descortina-se o Vale do Paraíba, região que foi palco dos ciclos do café, da cana e do ouro

Entre os brasileiros, em especial nas artes, muitos se deixaram seduzir pela beleza das matas. Villa Lobos, inspirando-se na natureza e nos mitos da região Norte, compôs a sinfonia Floresta Amazônica e os cantos de Çairé; Tom Jobim cantou a Mata Atlântica em verso e prosa, sonorizando sua musicalidade de forma magistral. Poetas e escritores se inspiraram nas florestas, como Carlos Drummond de Andrade, em Mata Atlântica, e Jorge Amado, que tem a Hiléia Baiana como pano de fundo de várias de suas obras. Mário de Andrade, em *Macunaíma,* o herói sem nenhum caráter, brinca com a mitologia brasileira, principalmente a amazônica,

numa linguagem malandra, nova para a época e, essencialmente nacional. São apenas alguns. Muitas páginas poderiam ser preenchidas para citar os que cantaram, falaram e descreveram nossas matas e sua gente – José de Alencar, Gilberto Freire, Darcy Ribeiro, Márcio Souza, Julio Verne, Conan Doyle, Alejo Carpentier, Voltaire e tantos mais.

Mergulhar no cotidiano, nos costumes, nas lendas, na fauna e na flora de nossas matas é apenas uma das formas de começar a vivenciar e compreender as duas florestas tropicais brasileiras: verdes, úmidas, abafadas, vivas e muito especiais, cada uma à sua maneira.

O ambiente de restinga é um dos mais ameaçados do país, já que é aqui que concentra-se grande parte da população nacional. No Parque Nacional da Restinga de Jurubatiba pode-se observar muito bem este ecossistema

CRÉDITOS DAS FOTOGRAFIAS

ADRIANO GAMBARINI
10 (primeira foto à direita), 12-13, 26, 71

CLAUS MEYER **Tyba**
22 e 23, 25 (foto à esquerda)

DAVID SANTOS JR.
6

DELFIM MARTINS **Pulsar Imagens**
8-9, 58 (foto de baixo), 98-99

DODORA TEIXEIRA **GT Comunicação**
36-37, 101

ENRICO MARONE **Pulsar Imagens**
25 (segunda foto à direita)

FÁBIO BONOTTI **Pulsar Imagens**
59 (foto à direita)

JUCA MARTINS **Pulsar Imagens**
72, 74-75, 109 (primeira foto), 114-115

L. C. MARIGO **Tyba**
10 (foto à esquerda), 128-129

LUCIANO CANDISANI
14, 38, 44 , 45, 46-47, 59 (foto central), 69, 88-89, 110-111, 116-117

MARCOS ISSA **Argosfoto**
25 (primeira foto à direita), 104-105

MAURÍCIO SIMONETTI **Pulsar Imagens**
92-93, 95, 108 (foto maior), 109 (quarta foto, à direita), 124, 125

OPÇÃO BRASIL
10 (terceira foto à direita), 30, 58 (duas fotos do alto), 59 (primeira foto à esquerda), 59 (primeira foto), 64-65, 76, 78-79, 82-83, 84-85, 86, 87, 106-107, 109 (segunda foto), 112, 126-127

RACHEL GUEDES
20, 27, 48-49, 52-53, 102-103, 120-121

RENATO SOARES **Pulsar Imagens**
28-29, 32-33, 34-35, 54-55, 56, 63 (Museu Paraense Emilio Goeldi e Museu Amazônico da Universidade de Manaus), 60-61 (Museu Paraense Emilio Goeldi), 90

RICARDO AZOURY **Pulsar Imagens**
16, 40-41, 80-81, 118-119, 123

ROGÉRIO REIS **Pulsar Imagens**
42-43

SILVESTRE SILVA **Argosfoto**
100

SÔNIA ODDI **Argosfoto**
109 (terceira foto, à esquerda)

STEFAN KOLUMBAN **Pulsar Imagens**
108 (foto menor)

VICTOR ANDRADE
18-19

ZIG KOCH **Tyba**
10 (segunda foto à direita)

BIBLIOGRAFIA

ACUÑA, Christoval de. **Nuevo descubrimiento dei gran rio de las Amazonas**. Madrid, 1891.

ALMEIDA, Luis Ferrand de. "Aclimatação de plantas do oriente no Brasil durante os séculos XVII e XVIII". **Revista Portuguesa de História,** 15: 339-481, 1975.

ATLAS da evolução dos remanescentes florestais e ecossistemas associados do domínio da mata atlântica no período 1985-1990. São Paulo: Fundação SOS Mata Atlântica e Instituto Nacional de Pesquisas Espaciais, 1993.

AVÉ-LALLEMANT, Robert. **No rio Amazonas** (1859). Belo Horizonte: Itatiaia/Edusp, 1980.

AYRES, José M. **As matas de várzea do Mamirauá: médio rio Solimões.** Brasília: CNPq/Sociedade Civil Mamirauá, 1993.

BATES, Henry W. **Um naturalista no rio Amazonas.** Belo Horizonte: Itatiaia/Edusp, 1979.

BOSI, A. (org.). **Cultura brasileira: temas e situações.** 3ª ed. São Paulo: Ática, 1999.

BUENO, Eduardo. **A viagem do descobrimento: a verdadeira história da expedição de Cabral.** Rio de Janeiro: Objetiva, 1998.

BUENO, Eduardo. **Náufragos, traficantes e degredados: as primeiras expedições ao Brasil.** Rio de Janeiro: Objetiva, 1998.

CAMPOS, Raymundo. **O Brasil quinhentista de Jean de Léry.** São Paulo: Atual, 1998.

CARVAJAL, Gaspar de. **Descobrimento do rio das Amazonas.** São Paulo: Nacional, 1941.

CONDAMINE, Charles-Marie de La. **Viagem pelo Amazonas 1735-1745.** São Paulo: Nova Fronteira/Edusp, 1992.

COUDREAU, H. **Viagem ao Tapajós.** Belo Horizonte: Itatiaia/Edusp, 1977.

COUSTEAU, J.Y. e RICHARDS, M. **Jacques Cousteau's Amazon journey.** Nova York: Harry Abrams, 1984.

CUNHA, Manuela C. da. (org.) **História dos índios no Brasil.** 2ª ed. São Paulo: Companhia das Letras/SMC/Fapesp, 1998.

DALE, Paul (coord.). **Ecoturismo na Mata Atlântica: um guia interativo para o vale do Ribeira.** CD-ROM. São Paulo: Fundação Florestal/SMA-SP, 1998.

DANIEL, Padre João. **Tesouro descoberto no Rio Amazonas.** Rio de Janeiro: Biblioteca Nacional, 1976.

DEAN, Warren. **A ferro e fogo: a história e a devastação da mata atlântica brasileira.** São Paulo: Companhia das Letras, 1996.

EÇA, Marcela Garcia; BURIN, Débora Garcia. **A história da Mata Atlântica.** Parte I e II. Disponível em http://www.iesb.org.br
FAUSTO, Carlos. **Os índios antes do Brasil.** Rio de Janeiro: Jorge Zahar, 2000.

FERREIRA, Alexandre R. **Viagem filosófica pelas capitanias do Grão-Pará, Rio Negro, Mato Grosso e Cuiabá: memórias - zoologia e botânica** Rio de Janeiro: Conselho Federal de Cultura, 1972.

FERREIRA, Alexandre R. **Viagem filosófica pelas capitanias do Grão-Pará, Rio Negro, Mato Grosso e Cuiabá: memórias - antropologia** Rio de Janeiro: Conselho Federal de Cultura, 1974.

GHEERBRANT, Alain. **L'Amazone, un géant blessé.** Paris: Gallimard, 1988.

GONDIM, Neide. **A invenção da Amazônia.** São Paulo: Marco Zero, 1994.

GONZALEZ, L **Festas populares no Brasil.** 2ª ed. Rio de Janeiro: Index, 1989.

HOLANDA, Sérgio Buarque de. **Visão do Paraíso.** São Paulo: Nacional, 1977.

HORTA, Carlos F. de M.M. (coord.). **O grande livro do folclore.** Belo Horizonte: Leitura, 2000.

HUMBOLDT, Alexandre von. **Quadros da natureza** Rio de Janeiro: W. M. Jackson, 1965. 2 v.

HUMBOLDT, Alexander Freiherr von, BONPLAND, Aimé. **Personal narrative of travels to the equinoctial regions of the new continent during the years 1799-1804** London: Gerge Routledge, 18?. 3v.

LA CONDAMINE, C-M. **Viagem pelo Amazonas, 1735-1745.** Rio de Janeiro: Nova Fronteira/ Edusp, 1992.

LEITE, Marcelo. **A Floresta Amazônica** São Paulo: Publifolha, 2001.

LÉVI-STRAUSS, Claude. **Tristes trópicos.** São Paulo: Companhia das Letras, 1996.

LINO, Clayton F. e ALLIEVI, João. **Cavernas brasileiras.** São Paulo: Melhoramentos, 1980.

MARCGRAVE, George. **História natural do Brasil.** São Paulo: Imesp, 1939.

MATA Atlântica: 500 anos. Rio de Janeiro: Jardim Botânico do Rio de Janeiro e Estação da Arte, 2000. CD-ROM.

McEWAN, Colin; BARRETO, Cristiana e NEVES, Eduardo (edits.) **Unknown Amazon: culture in nature in ancient Brazil.** London: British Museum, 2001.

MENEZES, Pedro, da C. **Trilhas do Rio.** Rio de Janeiro: Salamandra, 1996.

MINGUET, Hélène. "Introdução". In: CONDAMINE, Charles-Marie de La. **Viagem pelo Amazonas 1735-1745.** São Paulo: Nova Fronteira/Edusp, 1992.

MITTERMEIER, Russel A., MYERS, Norman e MITTERMEIER, Cristina G. **Hotspots, earth's biologically richest and most endangered terrestrial ecoregions.** Madrid: Cemex/ Conservation International, 2000.

MONTEIRO, Samuel e KAZ, Leonel, (eds.). **Floresta Atlântica.** Rio de Janeiro: Alumbramento/Livroarte, 1991-92.

MONTEIRO, Samuel e KAZ, Leonel (coords.). **Amazônia fauna e flora.** Rio de Janeiro: Alumbramento/Livroarte, 1993-94.

NÚÑEZ CABEZA DE VACA, Alvar. **Comentários.** Curitiba: Fundação Cultural de Curitiba, 1995. (Farol do Saber)

OLIVEIRA, Alexandre A. de e DALY, Douglas C. (eds.) **As florestas do rio Negro.** São Paulo: Companhia das Letras/Unip, 2001.

OLIVEIRA, Leinad A. de (org.). **Quilombos: a hora e a vez dos sobreviventes.** São Paulo: Comissão Pró-Índio de São Paulo, 2001.

PRESTES, Maria Elice Brzezinski. **A investigação da natureza no Brasil Colônia.** São Paulo: Annablume/Fapesp, 1977.

QUEIXALÓS, F. e RENAULT-LESCURE, O. (orgs.). **As línguas amazônicas hoje.** São Paulo: Instituto Socioambiental, 2000.

RIBEIRO, Darcy. **O povo brasileiro: a formação e o sentido do Brasil.** São Paulo: Companhia das Letras, 1995.

RIBEYROLLES, Charles. **Brasil pitoresco: história, descrição, viagens, colonização, instituições.** Vol. 1. Belo Horizonte: Itatiaia/ Edusp, 1980.

RICARDO, C.A. (ed.) **Povos indígenas do Brasil, 1996-2000.** São Paulo: Instituto Socioambiental, 2000.

ROCHA, Ana A. e COSTA, José P. de O. (coords.). **A Reserva da Biosfera da Mata Atlântica e sua aplicação no Estado de São Paulo.** São Paulo: Terra Virgem/SMA-SP, 1998.

ROCHA, Ana A. e LINSKER, Roberto (coord.). **Brasil aventura 1.** São Paulo: Terra Virgem, 1995.

ROCHA, Ana A. e LINSKER, Roberto (coord.). **Brasil aventura: odisséias.** São Paulo: Terra Virgem, 1997.

ROCHA, Ana A. e LINSKER, Roberto (coord.). **Brasil aventura: no caminho dos heróis.** São Paulo: Terra Virgem, 1998.

ROOSEVELT, Theodore. **Nas selvas do Brasil.** Belo Horizonte: Itatiaia/Edusp, 1976.

SAINT-HILAIRE, Auguste de. **Viagem pelas províncias do Rio de Janeiro e Minas Gerais** Brasília; Brasiliana, 1938.

SAINT-HILAIRE, Auguste de. **Viagem a Curitiba e Província de Santa Catarina.** São Paulo: Itatiaia, 1978.

SMITH, Anthony. Explorers of the Amazon. Chicago: University of Chicago Press, 1990.

SOUSA, Márcio. **O empate contra Chico Mendes.** São Paulo: Marco Zero, 1990.

SOUSA, Márcio. **Breve história da Amazônia.** São Paulo: Marco Zero, 1994.

SPIX, Jean B. von e MARTIUS, Charles F.P. von. **Viagem pelo Brasil: 1817-1820** Belo Horizonte: Itatiaia/Edusp, 1981.

STADEN, Hans. **A verdadeira história dos selvagens, nus e ferozes devoradores de homens (1548-1555).** Rio de Janeiro: Dantes, 1998.

TAUNAY, Afonso d'Escragnolle. **Zoologia fantástica do Brasil (séculos XVI e XVII)** São Paulo: Edusp/Museu Paulista USP, 1999.

TAUNAY, Afonso d'Escragnolle. **Monstros e monstrengos do Brasil: ensaio sobre a zoologia fantástica brasileira nos séculos XVII e XVIII** São Paulo: Companhia das Letras, 1998. (Retratos do Brasil).

THEVET, André. **As singularidades da França Antártica.** São Paulo/Belo Horizonte: Edusp/ Itatiaia, 1978.

TIRAPELI. P. **Patrimônios da humanidade do Brasil.** São Paulo: Metalivros, 2000.

VANDELLI, Domingos. **Memória sobre a utilidade dos jardins botânicos** Coimbra: Real Officina da Universidade, 1788.

WALLACE, Alfred Russel. **Viagens pelos rios Amazonas e Negro.** Belo Horizonte/São Paulo: Itatiaia/Edusp, 1979.

Ao comemorar seus 85 anos, marcados pela excelência e qualidade de seus produtos, a Lupo S/A quer também oferecer ao país sua contribuição para as áreas cultural e ambiental.

Desde que foi criada em 1821, a empresa jamais deixou de participar de ações comunitárias e de responsabilidade social, principalmente em sua região de origem, Araraquara, no interior do estado de São Paulo. Mas do mesmo modo como a marca foi além das fronteiras paulistas, conquistando o Brasil como pioneira na área têxtil, sua ação igualmente vai além da empresarial, numa busca constante de um Brasil melhor.

Marca brasileira por excelência, a Lupo valoriza a natureza do brasileiro, em ambos os seus aspectos, a natureza vibrante e empreendedora, e a natureza de seus rios, florestas, montanhas e campos. Desta maneira, ao colaborar na edição de uma obra sobre as Florestas do Brasil, que oferece ao leitor uma amostra de duas das mais importantes matas tropicais do planeta, a Floresta Amazônica e a Mata Atlântica, a Lupo tem a certeza de estar incentivando as ações culturais deste rico e maravilhoso país.

Patrocínio

Lupo

LEI DE INCENTIVO À CULTURA
MINISTÉRIO DA CULTURA

COLEÇÃO BRASIL NATUREZA **FLORESTAS**

CLAUDIA VIEITAS
MARIA ELICE B. PRESTES
PAUL J. DALE

ECO ASSOCIAÇÃO PARA ESTUDOS DO AMBIENTE

Coordenação da Coleção — GUILHERME WENDEL DE MAGALHÃES
Pesquisa e Texto — CLAUDIA VIEITAS, MARIA ELICE B. PRESTES, PAUL J. DALE
Edição — JOANA CANÊDO
Revisão — MARINA WENDEL DE MAGALHÃES
Design — ALESSANDRA VIUDE
Foto da Capa — ADRIANO GAMBARINI

IMPRENSA OFICIAL DO ESTADO DE SÃO PAULO

Assistência editorial — BERENICE ABRAMO, ANDRESSA VERONESI
Assistência à Editoração — FERNANDA BUCCELLI, TERESA ANDRADE
Acompanhamento de impressão — ANDERSON LIMA

Formato 21 x 28 cm
Tipologia Eurostile
Rotis Sans Serif | Rotis Serif
Papel miolo Couchê Brilhante 120g
capa Cartão Triplex Revestido 350g
Número de páginas 136
Tiragem 2000

ctp, impressão e acabamento

imprensaoficial

Rua da Mooca, 1921 São Paulo SP
Fones: 6099-9800 - 0800 0123401
www.imprensaoficial.com.br